人类生存的保证

土地环境

TUDI HUANJING

鲍新华　张　戈　李方正◎编写

美好未来
丛书SERIES BOOKS

吉林出版集团股份有限公司
全国百佳图书出版单位

图书在版编目（CIP）数据

人类生存的保证——土地环境 / 鲍新华，张戈，李方正
编写. -- 长春：吉林出版集团股份有限公司，2013.6（2023.5重印）
（美好未来丛书）
ISBN 978-7-5463-4934-3

Ⅰ．①人… Ⅱ．①鲍… ②张… ③李… Ⅲ．①土壤环
境－青年读物②土壤环境－少年读物 Ⅳ．①X21-49

中国版本图书馆CIP数据核字(2013)第123516号

人类生存的保证——土地环境
RENLEI SHENGCUN DE BAOZHENG TUDI HUANJING

编　写　鲍新华　张　戈　李方正
责任编辑　息　望
封面设计　隋　超
开　本　710mm×1000mm　1/16
字　数　105千
印　张　8
版　次　2013年 8月 第1版
印　次　2023年 5月 第5次印刷

出　版　吉林出版集团股份有限公司
发　行　吉林出版集团股份有限公司
地　址　长春市福祉大路5788号
　　　　邮编：130000
电　话　0431-81629968
邮　箱　11915286@qq.com
印　刷　三河市金兆印刷装订有限公司

书　号　ISBN 978-7-5463-4934-3
定　价　39.80元

前　言

环境是指围绕着某一事物（通常称其为主体）并对该事物产生某些影响的所有外界事物（通常称其为客体）。它既包括空气、土地、水、动物、植物等物质因素，也包括观念、行为准则、制度等非物质因素；既包括自然因素，也包括社会因素；既包括生命体形式，也包括非生命体形式。

地球环境便是包括人类生活和生物栖息繁衍的所有区域，它不仅为地球上的生命提供发展所需的资源与空间，还承受着人类肆意的改造与冲击。

环境中的各种自然资源（如矿产、森林、淡水等）不仅构成了赏心悦目的自然风景，而且是人类赖以生存、不可缺少的重要部分。空气、水、土壤并称为地球环境的三大生命要素，它们既是自然资源的基本组成，也是生命得以延续的基础。然而，随着科学技术及工业的飞速发展，人类向周围环境索取得越来越多，对环境产生的影响也越来越严重。人类对各种资源的大量掠夺和各种污染物的任意排放，无疑都对环境产生了众多不可逆的伤害。

人类活动对整个环境的影响是综合性的，而环境系统也从各个方面反作用于人类，其效应也是综合性的。正如恩格斯所说："我们不要过分陶醉于我们对自然界的胜利。对于每一次这样的胜利，自然界都报复了我们。"于是，各种环境问题相继产生。全球变暖导致的海平面上升，直接威胁着沿海的国家和地区；臭氧层的空洞，使皮肤病等疾病的发病率大大提高；对石油无节制的需求，在使环境质量受到严重考验的同时，不禁令我们担心子孙后辈是否还有能源可用；过度的捕鱼已超过了海洋的天然补给能力，很多鱼类的数量正在锐减，甚至到了灭绝的边缘，而其他动植物也正面临着同样的命运；越来越多的核废料在处理上遇到困难，由于其本身就具有可能泄漏的危险，所以无论将其运到哪里，都不可避免地给环境造成污染。厄尔尼诺现象的出现、土地荒漠化和盐渍化、大片森林绿地的消失、大量物种的灭绝等现象无一不警示人们，地球环境已经处于一种亚健康的状态。

放眼世界，自20世纪六七十年代以来，环境保护这个重大的社会问题已引起国际社会的广泛关注。1972年6月，来自113个国家的政府代表和民间人士，参加了联合国在斯德哥尔摩召开的人类环境会议，对世界环境及全球环境的保护策略等问题进行了研讨。同年10月，第27届联合国大会通过决议，将6月5日定为"世界环境日"。就中国而言，环境问题是中国人民21世纪面临的最严峻的挑战之一，保护环境势在必行。

本套书籍从大气环境、水环境、海洋环境、地球环境、地质环境、生态环境、生物环境、聚落环境及宇宙环境等方面，在分别介绍各环境的组成、特性以及特殊现象的同时，阐述其存在的环境问题，并针对个别问题提出解决策略与方案，意在揭示人与环境之间的密切关系，人与环境之间互动的连锁反应，警醒人类重视环境问题，呼吁人们保护我们赖以生存的环境，共创美好未来。

目 录
MU LU

01 土地

　　土地是地球的陆地表层，它不包括地壳深部的岩石。土地是具有明显地域特征的自然综合体，是由气候、岩石、水文、土壤和生物互相作用的地球表层。动物、植物和微生物是土地的直接附属物，气候和地下水只影响土地的能力和类型，不是土地构成的因素，正如人们没有把气候包括在海洋的概念中一样。

　　土地处于岩石圈、大气圈与生物圈相互接触的边界，是由底层、内层、表层构成的垂直剖面系统。底层是起承载作用的岩石和风化物；内层是由生物、微生物、风化残积物共同作用形成的土壤层；表

▲ 土地

层是作为土壤直接附属物的动物和植物群体。上述三层之间，是相互依存的。在缺乏内层和生物依附的表层处，土地常常表现为单调的草木不生的石质山地和荒漠。

由此可见，土地与土壤分别具有不同的概念。土地是指在陆地表层的气候、土壤、水文、岩石、动植物相互作用的具有明显地域特征和垂直分层的自然综合体。土壤是指岩石风化残积物经过长期的生物作用而生成含有机质和腐殖质，能够生长植物的部分，它位于土地的上部，是土地的重要组成部分。

① 气候

气候是长时间内气象要素和天气现象的平均或统计状态，时间尺度为月、季、年、数年、数百年等。气候的形成主要是由热量的变化引起的，气候以冷、暖、干、湿这些特征来衡量，通常由某一时期的平均值和离差值表征。

② 水文

水文是指自然界中水的变化、运动等各种现象。就像我们所熟知的"天文"一词一样，"水文"现今又可指研究自然界水的时空分布、变化规律的一门边缘学科。

③ 岩石

岩石是组成地壳的物质之一，构成地球岩石圈的主要成分，是具有一定结构构造的，由一种或多种矿物组成的集合体，也有少数包含有生物的遗骸或遗迹。海面下的岩石被称为礁、暗礁及暗沙。

02 土地资源

　　土地资源一般是指人类能够利用的土地，它具有自然属性和社会属性。土地作为一种资源，它具有生产性、地域性、有限性、时间变化性等基本特性。

　　土地资源的本质特征是具有生产动物、植物产品的能力。这种能力可分为自然生产能力和经济生产能力。自然生产能力是指在不受人类干预的情况下，大自然具有的生长和繁衍绿色植物的能力；经济生产能力即劳动生产力。

　　地域性是指沿着纬度、经度、海拔高度的变化而出现的地带性变化规律。土地资源的地域性，主要是通过土地上层的土壤表现出来的。

　　岩石风化成土壤是一个漫长的地质作用过程，在短时的地质时期中，陆地面积和土地面积都不会有大的变化。因此，土地面积是有限的和相对稳定的。

　　随着气候的季节变化，土地的性质和形态也随之发生变化，作物的播种和收获等都要遵循土地资源的季节性变化。

1 纬度

　　纬线指某点与地球球心的连线和地球赤道面所成的线面角，其数值在0°～90°之间。赤道以北的点的纬度称北纬，以南的点的纬度称南纬。

② 群落

群落又称生物群落，是指具有直接或间接关系的多种生物种群的有规律的组合。如在森林中，植物为生活在其中的动物提供栖息地和食物，而一些动物又可以以其他动物为食物，并且土壤中生存的微生物能分解动植物残骸，并为植物提供大量养分，这一切便组成了一个生物群落。

③ 风化

风化有多层含义，在化学方面，风化是指在室温和干燥空气里，结晶水合物失去结晶水的现象等；在地质学里，风化是使岩石发生破坏和改变的各种物理、化学和生物作用；在生活俗语当中，风化指隐晦的社会公德和旧习俗。

▲ 风化岩石层

03 人类衣食之源

  土地是人类的栖身之地，是人类生产和生活的主要空间场所。土地与人类的关系非常密切，自从人类诞生那一刻起，土地就是人类生息繁衍的地方。古往今来，人类的生存和发展都与土地息息相关。

  没有土地，就好比没有空气、阳光与水等基本生存要素一样，人类就无法生存。无论生活在地球的任何地方，也无论那里的气候是热带、温带还是寒带，土地都是人类生存的空间，是一个国家、一个民族的立足之地。

  土地还是人类的衣食之源和生产之本，人类日常的衣食住行资源

▲ 农业生产

大部分取自土地，特别是取自土地中数量较少的耕地。粮食、棉花、瓜果、蔬菜要在耕地上生产；房屋要在地面上兴建；城镇更要在土地肥沃的地区发展。离开土地，这一切都将无从谈起。难怪人们常把土地比喻为人类的母亲。在漫长的人类历史中，是土地这位沉默的母亲哺育了人类，慷慨无私地奉献出人类生存繁衍所需要的一切。一位著名诗人说过："我爱故乡，爱祖国，更爱整个大地。因为正是大地将人孕育。"这美好的诗句恰如其分地表达出人类对土地的深深眷恋之情和人类与土地血肉相连的关系。

❶ 热带

南北回归线之间的地带为热带，地处赤道两侧。热带太阳高度值终年很大，且一年有两次太阳直射的机会，赤道地区终年昼夜等长，热带全年高温，且变幅很小，只有雨季和干季或相对热季和凉季之分。

❷ 棉花

棉花，是锦葵科棉属植物的种子纤维，原产于亚热带，花朵乳白色，开花不久转成深红色后凋谢，留下绿色棉铃，棉铃内有棉籽，棉籽上的茸毛从棉籽表皮长出。棉铃成熟时裂开，露出柔软的纤维。

❸ 温带

南北回归线和南北极圈之间的地带为温带。这个地带内太阳高度和昼夜长短的变化都很大，太阳高度一年之中有一次由大到小的变化，气温也随之出现由高到低的变化，四季分明是其最大的特点。

04 有限的土地

　　土地作为一种重要的自然资源和环境要素，它的基本属性是位置固定，面积有限。人所共知，地球表面发生的沧海桑田变化，是一个漫长的地质作用过程，要经过千百万年乃至上亿年的演化才能完成。因此，在较短的地质时期中，地球上土地的面积是有限的和相对固定的。

　　地球表面的总面积有5.1亿平方千米，其中互相沟通的海洋面积约为3.61亿平方千米，占地球总面积的71%，陆地总面积是1.49亿平方千米，仅占地球总面积的29%。陆地上有一半的土地（10%为终年积雪，4%为冻土，20%为沙漠，16%为陡坡山地）目前还不能为人类所利用，在可以利用的部分中，与人类经济活动最为攸关的耕地和牧场的面积是非常有限的，还有部分陆地分布在高纬度地区，使用价值很低。在地球现在的可耕地中，已开垦的肥沃耕地占可耕地近一半，剩下的一半可耕地由于水、肥、热等条件差，垦殖费用高，短期内难以充分利用。

　　从上述统计数字不难看出，土地资源的状况是不容乐观的，加之人们对现有可利用的土地资源的不合理分配及利用，导致土地的利用价值降低，使本就不怎么宽裕的土地资源，显得更为紧张。

▲ 雪山冻土

① 环境要素

环境要素又称环境基质，是构成人类环境整体的各个独立的、性质不同的而又服从整体演化规律的基本物质组分。其可分为自然环境要素和人为环境要素，各个环境要素之间可以相互利用，并因此而发生演变。

② 冻土

冻土是指0℃以下，含有冰的各种岩石和土壤。根据时间，可分为短时冻土、季节冻土和多年冻土，地球上冻土的面积约占陆地面积的50%。在冻土区修建工程构筑物必须面临两大危害，即冻胀和融沉。

③ 耕地

耕地指种植农作物的土地，包括熟地，新开发、复垦、整理地，休闲地。耕地是人类赖以生存的基本资源和条件。人们在耕地上以种植农作物为主，间或种植果树、桑树或其他树木。

05 土地日益减少

　　近年来，人口的爆炸性增长，使人均土地面积日益减少，土地资源的紧张形势更加严峻。据统计，19世纪初世界人口达到10亿，1930年增至20亿，1960年增至30亿，1975年世界人口接近40亿，1987年增至50亿，到1999年10月12日，世界人口已达到60亿。据联合国资料，1975年世界人均耕地3100平方米，到2000年下降到1500平方米。与此同时，人均土地面积的减少所导致的粮食短缺问题也日益严重，成为一些国家，尤其是一些发展中国家所面临的首要问题。据估计，粮食短缺导致发展中国家大约20%的人口缺乏营养，其中有60%的人患营

▲ 水土流失

养不良症。缺乏一定质量和足够数量的食物，目前仍然是一些国家发病率和死亡率高的主要原因。

更为令人忧虑的是可利用的土地资源正在不断地减少，尤其是耕地的减少速度更是十分惊人。耕地面积减少的主要原因，一方面是由于人口的增长和工业、城市、交通等占地的不断增加，据估计，由于城市化的发展，仅人类居住，全世界每年就要损失耕地14万平方千米，牧场6万平方千米，森林18万平方千米；另一方面是水土流失、沙漠化和盐渍化。

① 联合国

联合国是一个由主权国家组成的国际组织，其成立的标志是《联合国宪章》于1945年10月24日在美国加州旧金山签订生效。联合国致力于促进各国在国际法、国际安全、经济发展、社会进步、人权及实现世界和平方面的合作。

② 水土流失

水土流失是指在水力、重力、风力等外营力作用下，水土资源和土地生产力的破坏和损失的现象，即由于不利的自然因素和人类不合理的经济活动所造成的地面上水和土离开原来的位置，流失到较低的地方，再经过坡面、沟壑，汇集到江河河道内的现象。

③ 土壤盐渍化

土壤盐渍化又称土壤盐碱化，是指土壤含盐太高而使农作物低产或不能生长的现象。土壤中盐分的主要来源是风化产物和含盐的地下水。灌溉水含盐和施用生理碱性肥料也可使土壤中盐分增加。土壤盐碱化后，会导致土壤溶液的渗透压增大，土体通气性、透水性变差，养分有效性降低。

06 土地问题

　　水土流失是生态环境中十分突出的问题，是威胁人类生存的全球性灾难。据联合国粮农组织统计，全世界雨水侵蚀和洪涝灾害造成的土地损失占各类损失的30%。美国世界观察研究所的一份调查报告指出，世界耕地每年表层土壤的流失量高达240亿吨，损失肥料数千万吨，经济损失达上百亿美元。

　　土地沙漠化是世界上干旱和半干旱地区突出的环境问题，已经被列为全球环境问题的十大难题之一。据1986年联合国环境规划署发表的报告，全世界沙漠化的土地，每年以6万平方千米的速度大幅度蔓

▲ 干旱的土地

延。受沙漠化威胁的土地面积占地球陆地面积的35%，遍及世界150个国家和地区，受威胁的人口约8.5亿。每年因沙漠化而丧失生产能力的土地有21万平方千米，其直接经济损失达260亿美元。

　　在干旱和半干旱地区，不合理灌溉会引起土壤盐渍化；在沿海地带，不合理围垦促使盐渍化土地面积扩大，也是值得重视的环境问题。盐渍化严重时，一般植物都很难成活，土地就成了不毛之地。据联合国调查，全世界有盐渍化土地约20万平方千米，有30多个国家受到盐渍化的严重危害。

① 联合国粮农组织

　　联合国粮农组织是联合国系统内最早的常设专门机构，其宗旨是提高人民的营养水平和生活标准，改进农产品的生产和分配，改善农村和农民的经济状况，促进世界经济的发展并保证人类免于饥饿。

② 洪涝灾害

　　洪是指大雨、暴雨引起水道急流、山洪暴发、河水泛滥淹没农田、毁坏环境与各种设施等原生环境问题；涝指水过多或过于集中造成的积水成灾现象。总体来说，洪和涝都是水灾的一种。

③ 干旱

　　干旱通常指淡水总量少，不足以满足人的生存和经济发展的现象。干旱是人类面临的主要自然灾害，随着人类经济发展和人口的激增，水资源的不合理开发利用，导致水资源短缺现象日益严重，从而使干旱的程度也逐渐加重。

07 土地保护

　　土地存在的诸多问题导致耕地损失直接影响到农业，造成农业减产，加剧粮食短缺，同时也使人口与土地的矛盾更加突出，大大加重了土地的负担。为了养活越来越多的人口，土地这位沉默的母亲，正在承受着空前的压力。

　　当然，土地问题的严重性，早已引起各国政府和科学家们的关注。许多国家早在几十年前就采取各种措施和对策，防止水土流失，防止和治理沙漠化，虽然已取得初步成效，但尚未得到有效控制，今后还有大量的、艰巨的工作要做。中国也根据土地资源的这一现状研究出一系列的解决方案，如实施退耕还林、土地复垦等措施，同时贯彻落实《国务院关于深化改革严格土地管理的决定》，严格执行土地管理法律法规，切实保护基本农田，改革和完善土地管理制度，争取达到保护和治理土地资源的最理想效果。

　　如今，土地资源短缺仍是环境的主要问题，我们必须珍惜和合理利用每一寸土地。保护人类赖以生存的土地，就是保护人类的"米袋子"和"菜篮子"，就是保护人类自己。

① 基本农田

　　基本农田是指根据一定时期人口和国民经济对农产品的需求以及对建设用地的预测而确定的，在土地利用总体规划期内未经国务院批准不得占用的耕地。其是从战略高度出发，为了满足一定时期人口和国民经济对农产品的需求而必须确保的耕地的最低需求量。

▲ 山洪灾害

② 退耕还林

退耕还林指把不适于耕作的农地有计划地转换为林地。退耕还林这一想法是从保护和改善生态环境出发的，将易造成水土流失的坡耕地有计划、有步骤地停止耕种，按照适地适树的原则，因地制宜地植树造林，恢复森林植被。

③ 土地复垦

土地复垦是指对生产建设活动和自然灾害损毁的土地，采取整治措施，使其达到可供利用状态的活动。它是国土整治和环境保护工作的重要组成部分，也是解决采掘、建材等工矿企业与农、林、牧、渔业争地的矛盾及防止环境污染、恢复生态平衡的有效途径。

08 土壤

　　土壤是指地球陆地表面具有一定肥力且能生长植物的疏松层，处于大气圈和岩石圈的过渡地带。与厚厚的岩石圈相比，土壤层就像薄膜覆盖在地壳表面，平均厚度只有18厘米。

　　土壤由固、液、气三相物质组成。固相物质包括土壤矿物质和土壤有机质（活有机体——土壤生物），它为植物生长提供了矿物质和养分。液相物质指土壤水分及其可溶物，它把营养物质运送到植物根系，为植物所吸收。气相物质指土壤空气，它为植物根系呼吸提供氧气。

▲ 土壤

　　土壤具有肥力是土壤区别于其他物质的最本质的特征。土壤肥力是指土壤具有供给和协调植物生长所需的营养条件和环境条件的能力。

　　影响土壤特性的主角是土壤中的黏粒和腐殖质。黏粒颗粒细小，具有较大的表面积，能够强烈吸附土壤养分，是土壤养分的贮藏库，但致密的黏粒不利于土壤排水和通气。腐殖质能很好地吸附养分和水分，有利于土壤中微生物和蚯蚓等有益小动物的繁殖。当土壤中的黏粒和腐殖质含量适当时，可形成黏粒腐殖质结合体，使土壤团粒化。土壤团粒化后，土壤中的孔隙变多，通气性和排水性变好，黏粒和腐殖质各自具有的对养分和水分的保持能力成倍增加。

① 氧气

氧气是空气的主要组分之一，约占大气体积的21%。标准状况下无色、无臭、无味，在水中溶解度很小。氧气的化学性质比较活泼，具有助燃性和氧化性，大部分的元素都能与氧气反应。一般而言，非金属氧化物的水溶液呈酸性，而碱金属或碱土金属氧化物则为碱性。

② 地壳

地壳是地球固体地表构造的最外圈层，整个地壳平均厚度约17千米，其中大陆地壳厚度较大，平均约为35千米。高山、高原地区地壳更厚，可达70千米；平原、盆地地壳相对较薄。大洋地壳则远比大陆地壳薄，厚度只有几千米。

③ 微生物

微生物是肉眼看不见或看不清的微小生物，它们个体微小，结构简单，通常要用光学显微镜和电子显微镜才能看清楚，包括病毒、细菌、酵母菌等。微生物有五大特征：体积小，面积大；吸收多，转化快；生长旺，繁殖快；适应强，易变异；分布广，种类多。

09 土壤的背景值

通常把一个国家、一个地区或某种类型的土壤中某些元素的平均含量，称为相应的土壤本底值或土壤背景值。

土壤的环境本底，就是土壤的环境背景值，是指在不受污染的情况下，土壤的基本化学成分和含量。它反映了土壤在自然界存在和发展过程中，本身原有的化学组分和特性。然而，随着环境污染的日益严重，在地球上已几乎找不到不受污染的环境了，故环境本底只是一

▲ 有机农作物

个概念，它只是相对于不受或少受污染的情况下，环境各组成要素的基本化学成分和含量。

土壤环境本底的形成受所在地区自然条件的影响，其中地质构造、岩石组成、岩石地球化学状况等，是影响土壤本底的主要因素。气候条件、地形特点、水文状况和生物种类等起着一定的作用。

一般将土壤所允许承纳污染物质的最大数量，称为土壤环境容量。污染物在土壤中的含量，一般未超过一定浓度不会危害作物或在其体内产生明显的积蓄，只有超过一定浓度才有可能产出超过食品卫生标准的食物或使作物减产。也就是说，土壤存在一个可承受一定污染物而不致污染作物的量，即土壤环境容量。

① 元素

元素是化学元素的简称，是指自然界中100多种基本的金属和非金属物质。这些物质组成单一，用一般的化学方法不能使之分解，并且能构成一切物质。到2007年为止，总共有118种元素被发现，其中94种存在于地球上。一些常见的元素有氢、氧和碳等。

② 地质

地质是指地球的性质和特征，主要是指地球的物质组成、构造、结构、发育历史等，包括地球的圈层分异、化学性质、物理性质、矿物成分、岩石性质、地球的生物进化史、构造发育史、气候变迁史，以及矿产资源的赋存状况和分布规律等。

③ 农作物

农作物指农业上栽培的各种植物，包括粮食作物、油料作物、蔬菜作物、嗜好作物、纤维作物、药用作物等。

10 土壤的物质组成

土壤主要由矿物性固体、有机质、空气和水组成。这四大物质是相互联系、相互制约的有机整体，缺一不可。

矿物性固体是土壤的"骨架"，也是无机物的来源。土壤中常见的矿物质有石英、长石、云母，还有黏粒、粉粒等。

有机质是土壤的"肌肉"，包括动植物残骸，施入的有机质肥料、微生物和经微生物作用所形成的腐殖质等。它们在微生物的生物化学作用下，会发生有机质的矿质化和腐殖化两个过程。当土壤温度高，水分适当和通气良好时，好氧性微生物将有机质分解为能溶于水的无机盐类和二氧化碳，即以矿化过程为主；当土壤渍水，温度低和通风不好时，厌氧性微生物将有机质分解，然后再合成新的物质——腐殖质，即以腐殖化过程为主。同时，在一定条件下，腐殖质也会慢慢分解，释放出养分，因此腐殖质是土壤的特殊肥效成分。

水分是土壤的"血液"，土壤中矿物质风化，有机物的分解和物质迁移、转化过程中的水，来自天然降水和人工灌溉。此外，地下水是上层土壤水的重要来源。空气存在于土壤的孔隙中，主要来自大气，以及土壤中生物化学反应过程产生的少量气体。空气影响土壤中物质的物理、化学和生物化学的转化过程。

① 有机质

所谓有机质，就是含有生命功能的有机物质，即有机化合物，是分子量较大的含碳化合物（一氧化碳、二氧化碳、碳酸盐、金属碳化物等少数简单含碳化合物除外）或碳氢化合物及其衍生物的总称。

② 二氧化碳

二氧化碳是空气中常见的化合物，约占空气总体积的0.039%。其常温下是一种无色、无味的气体，密度比空气略大，能溶于水形成一种弱酸——碳酸。固态二氧化碳俗称干冰，常用来制造舞台的烟雾效果。二氧化碳被认为是造成温室效应的主要原因。

③ 血液

血液属于结缔组织，即生命系统中的结构层次，是流动在心脏和血管内的不透明红色液体，主要成分为血浆、血细胞。血细胞有白细胞、红细胞和血小板，血浆内含血红蛋白、脂蛋白等各种营养成分以及氧、无机盐、酶、激素、抗体和细胞代谢产物等。

▲ 云母

11 土壤的性质

　　有机物使土壤微生物获得了生活所需的能量，增强了活性，反过来土壤微生物能促使有机物的分解。有机物被分解后，使氮、磷和其他元素有效化，可供给作物吸收利用。有机物分解生成的有机酸、维生素和植物激素等，可促进作物的生长。土壤水分是土壤肥力的重要组成部分，也是土壤中最活跃的因素。它影响和制约着土壤肥力因素和生产技能，是植物生长所需水分的主要来源。土壤热性质、土温变化、土壤的黏性及可塑性的强弱等都与水分密切相关。农作物所需要的养分也只有溶解在水里才能被吸收利用，所以土壤中的水分是不可缺少的，如果土壤中水分不足，则会严重影响农作物生长，需要通过灌溉来补充水分。

　　土壤具有地域性。例如中国东部地区由于水热条件和生物群落的变化，土壤自南向北的分布顺序依次为红壤、砖红壤、黄棕壤、棕壤、暗棕色

▲ 红土地

森林土、棕色针叶林土等。由于东南季风造成的水分状况的空间差异性，暖温带土壤由东南向西北分布顺序为棕壤、褐色土、灰钙土、棕漠土。

① 维生素

维生素是人和动物为维持正常的生理功能而必须从食物中获得的一类微量有机物质，在人体生长、代谢、发育过程中发挥着重要作用。维生素在体内的含量很少，但不可或缺。维生素是个庞大的家族，目前所知的维生素就有几十种，大致可分为脂溶性和水溶性两大类。

② 土壤肥力

土壤肥力是土壤各种基本性质的综合表现，是土壤作为自然资源和农业生产资料的物质基础，也是土壤区别于成土母质和其他自然体的最本质的特征，是土壤为植物生长提供和协调营养条件和环境条件的能力。四大肥力因素有：养分、水分、空气、热量。

③ 灌溉

灌溉就是用水浇地。灌溉的方法有漫灌、喷灌、微喷灌、滴灌以及渗灌。灌溉时常使用的设备有时针式喷灌机和平移式喷灌机。灌溉也会产生副作用，主要有争夺地表水、造成地下水水位下降、地面沉降、土壤盐渍化、水体污染等。

12 土壤的形成

　　土壤是在岩石的风化作用和母质的成土作用的综合作用下形成的。

　　地表岩石在风化作用过程中发生破碎分解，进而形成成土母质。成土母质主要是松散的碎屑物质，具有通气、透水、保水等性能，有利于水分与空气的进入，并且含有岩石在风化过程中释放出来的可溶性化合物，有利于植物营养元素的释放与集中。

　　成土母质与土壤不同，其缺乏植物生长过程所必需的有机质，还不具备植物生长所需要的肥力条件，必须在生物参与下经过一系列作用才能转变成土壤。

　　在地球表面未出现生物之前，自然界并没有土壤，那时只能进行岩石的风化作用，而且速度极其缓慢，直到第一个具有完备生命特征的化能自养细菌出现之后，才使这种状况发生明显改变。化能自养细菌不仅可以加速风化作用，而且能积聚养料，提高肥力，并导致土壤的形成。这种细菌本领很大，分泌的酸能使坚硬的岩石分解，并从岩石分解过程中得到能量和养分。虽然得到的能量和养分很少，但它们却能很好地生存下去。化能自养细菌的寿命十分短暂，它们的生死在岩石的风化物——成土母质里积累了有机质。天长日久，积累的有机质日益增多，从而为异养型细菌的出现创造了条件。

▲ 黑土地

① 土壤透水性

土壤透水性是指土壤允许水通过本身的能力。透水性的强弱取决于土壤中空隙的大小，透水性的强弱以渗透系数来表示。欲改善土壤的透水性可以采用松土、中耕、加有机肥或者适量的沙子等办法。

② 细菌

从广义上讲，细菌是指一大类细胞核无核膜包裹，只存在称作拟核区（或拟核）的裸露DNA的原始单细胞生物。狭义上来说，它是一类形状细短，结构简单，多以二分裂方式进行繁殖的原核生物。细菌主要由细胞膜、细胞质、核质体等部分构成，有的细菌还有荚膜、鞭毛、菌毛等特殊结构。

③ 自养型

自养型指的是绝大多数绿色植物和少数种类的细菌以光能或化学能为能量的来源，以环境中的二氧化碳为碳源来合成有机物，并且储存能量的新陈代谢类型。可分为光能自养型和化能自养型。

13 土壤的流失

异养型细菌在其生命活动中能分解有机质，并能释放出大量的二氧化碳和氮气。二氧化碳在自然界增多，为绿色植物的出现创造了有利条件。绿色植物具有选择吸收元素的能力，它不断吸收母质中的元素堆积在自己体内。当植物死亡，残体分解时，被吸收的元素又重新释放给母体，供下一代生物吸收利用。这样，随着生物的进化，生物富集养分元素的能力和死亡后提供腐殖质的能力不断增强，并逐步形成了具有肥力的土壤。土壤为人类带来粮食和财富，然而，对于我们如此有价值的土壤正在不断地流失。

▲ 梯田

美国生态学和农业学教授戴维·皮门特尔在参加关于土壤侵蚀对环境和经济影响的调查时，对记者说："形成1英寸（1英寸=2.54厘米）的土壤层，需要近500年的时间，而我们在200年中，损失了1500年形成的表土层。"当前，土壤的侵蚀，是一个未受重视的环境问题。据调查，1776年，美国适宜耕种的表土层平均为9英寸(22.86厘米)厚。从那以后，由于土壤侵蚀，表土层已失去3英寸（7.62厘米），现在平均只有6英寸（15.24厘米）厚。皮门特尔说:"美国可耕地表土层流失的速度比形成的速度快17倍。"在发展中国家，土壤侵蚀问题更严重，速度更快。

❶ 异养型

异养型是不能直接把无机物合成有机物，必须摄取现成的有机物来维持生活的新陈代谢类型。植物基本上都是自养，动物基本上都是异养。异养型包括共生、寄生和腐生三种方式。

❷ 生态

生态一词源于古希腊语，意思是指家或者我们的环境，现在通常指生物（原核生物、原生生物、动物、真菌、植物五大类）的生活状态，指生物之间和生物与环境之间的相互联系、相互作用，也指生物的生理特性和生活习性。

❸ 侵蚀

侵蚀是指在风、浪等因素的作用下，岸滩等暴露在外边或与这些因素相接触的部分，表面物质被逐渐剥落分离的过程。侵蚀作用是一种自然现象，可分为风化、磨蚀、溶解、浪蚀、腐蚀以及搬运作用。

14 土壤中的微生物

　　土壤中栖息着丰富多彩的生物，这些生物是土壤的重要组成部分，正是由于它们的存在和活动，土壤的肥力才不断提高，各种植物在土壤中得以苗壮成长。

　　土壤中的生物多种多样，其中土壤微生物是生存在黑色土壤王国中数量最多的居民。虽然它的质量还占不到土壤有机物的1%，但其数量却大得惊人。据研究，1克土中就有数百万个微生物，其中大部分是细菌，还有数量可观的藻类、真菌、放线菌及原生虫等。

　　土壤微生物在土壤中起着十分重要的作用，细菌、真菌和藻类是动植物腐烂的主要原因，它们将动植物的残体还原为无机质，形成各种养分，从而促进作物的生长。假如没有这些微小的生物，碳、磷、氮等化学元素就无法通过土壤、空气以及生物组织进行循环活动。微生物在土壤里生存，还能产生二氧化碳，并形成碳酸，促进了岩石的分解。土壤中还有一些微生物可促成多种多样的氧化和还原反应，这些化学反应使土壤中的铁、锰、硫等物质发生转移，并转变成植物可吸收的状态。

① 真菌

　　真菌是一种真核生物。最常见的真菌是各类蕈。人们通常将真菌门分为接合菌亚门、鞭毛菌亚门、担子菌亚门、子囊菌亚门和半知菌亚门。真菌是生物界中很大的一个类群，世界上已被描述的真菌有1万属12万余种。

▲ 硅藻土层

② 藻类

藻类是原生生物界一类真核生物，体型大小各异，有小至长1微米的单细胞的鞭毛藻，大至长达60米的大型褐藻。藻类主要为水生，无维管束，能进行光合作用。

③ 氧化反应

氧化反应就是物质与氧发生的反应。一般物质与氧气发生氧化时放热，个别可能吸热，如氮气与氧气的反应。氧化反应有时剧烈，有时缓慢。物质的燃烧、金属生锈、动植物呼吸都属于氧化反应。

15 土壤中的生物

　　土壤中还有许多较大的生物，它们与地面上的生物一样过着杂居生活。其中一些是土壤中的永久居民，如蚯蚓等；一些则在地下冬眠或度过它们生命过程中的一定阶段，如蜘蛛、蜈蚣等；还有一些是在它们的洞穴和地面世界之间自由往来，如老鼠、蚂蚁等。土壤里这些居民的存在及其活动，使土壤中充满了空气，同时也大大地促进了水分在植物生长层的流动，有利于植物的生长。

　　蚯蚓具有极强的生物转化能力，它可以把土壤中的各种有机废

▲ 土壤中的蚯蚓

物连同土壤一起吃进去，而排出的则是掺杂了有机物的肥土，排泄物中的钙质被浓缩后，对酸性土壤具有改良作用。蚯蚓粪便是一种优良的有机复合肥料，养分十分丰富，因此，蚯蚓出没的地方，土质特别肥沃，植物生长良好。此外，蚯蚓在土壤中活动，可使土壤的孔隙增加，从而使土壤排水性和空气流通性变好。

① 蚯蚓

蚯蚓俗称地龙，是常见的一种陆生环节动物，生活在土壤中，昼伏夜出，以畜禽粪便和有机废物垃圾为食，连同泥土一同吞入，也摄食植物的茎叶等碎片。蚯蚓可使土壤疏松、改良土壤、提高肥力，促进农业增产。

② 冬眠

冬眠又叫冬蛰，是指一些动物在冬季长时间不活动、不摄食而进入睡眠状态并伴随着体温和代谢速率降低的一种越冬对策，是这些动物避开食物匮乏的寒冷冬天的一个"法宝"。

③ 酸性土壤

酸性土壤是pH值小于7的土壤的总称，包括红壤、黄壤、砖红壤、赤红壤等。酸性土壤地区降水充沛，淋溶作用强烈，盐基饱和度较低，酸度较高。酸性土壤在世界范围内分布广泛，在农业生产中占有重要地位。

16 土壤净化

　　土壤是由黏土矿物、腐殖质、微生物、水分和空气等组成的复杂体系，有巨大的表面积，带有电荷，能吸附、吸着各种阳离子、阴离子和某些分子，对一些污染物质能进行蓄积和贮存。土壤中生活着各种各样的微生物和土壤动物，对外界进入的污染物有一定的分解转化能力。土壤中低等生物的新陈代谢过程也具有使污染物变态、转化、去毒的作用。在土壤中，微生物是最杰出的净化能手。土壤犹如一部硕大无比的"净化机"，永不疲倦地清除着各种污染物，净化着环境。

　　土壤净化，是指从外界环境进入土壤的污染物质，土壤本身通过吸附、分解、迁移、转化，或通过物理、化学、生物的作用，而使其浓度降低甚至消失的过程。土壤净化使有的有毒物质转化为无害物质，甚至转化为

▲ 矿山污染

植物的营养物质，有的被土壤胶体吸附、固定，以至退出生物循环，脱离食物链，不再危害环境及人体健康。

① 矿物

矿物是指由地质作用所形成的天然单质或化合物，是组成岩石和矿石的基本单元。目前，科学家已经能够制作出某些仿照矿物的物质，如人造水晶、人造钻石等，这些人工矿物没有天然矿物价值高，是制作首饰、工艺品等常用的材料。

② 重金属

重金属是指比重大于5的金属。无论是空气，还是泥土，甚至水都含有重金属。重金属在人体中累积到一定程度就能引起头痛、头晕、失眠、健忘、神经错乱、关节疼痛、结石等病症，对消化系统、泌尿系统的破坏极其严重。

③ 污染物

污染物是指进入环境后能够直接或者间接危害人类的物质。污染物的作用对象是包括人在内的所有生物。污染物往往是生产中的有用物质，有的甚至是人和生物必需的营养元素，但如没有充分利用而大量排放，或不加以回收和重复利用，就会成为环境中的污染物。

17 土壤净化的方法

土壤净化的反应机理是十分复杂的，主要净化方式有下列几种：

土壤通过稀释、扩散和挥发作用实现自净。土壤是一个多相、疏松、多孔隙的体系，可使其中的挥发性物质很容易地挥发、释放到大气中。由于土壤本身含有水分，其可借助于外来水力的作用，使污染物质稀释与扩散，或随水迁移到耕作层以下。

土壤通过氧化还原反应，使污染物改变存在状态而实现自净。土壤是一个氧化还原体系，它以空气中的氧气、高价金属离子等为氧化剂，以有机物和低价金属离子为还原剂，进行多种物质之间的氧化还原反应，加速了有机物质的分解、变态和挥发，或使无机物变成不溶解的化合物而被迁移转化，暂时贮存起来。

土壤通过络合—螯合、离子交换和吸附作用而自净。土壤是一种胶体，可将呈阳离子状态的污染物，如金属离子、化学农药等吸附在胶体中。土壤又是一种络合—螯合体系，可将污染物络合、螯合成十分稳定的络合物或螯合物，使它们退出生物物质循环。

土壤可通过化学平衡的缓冲作用、生物降解和合成作用，将污染物转化、降解、沉淀或释放，降低其毒害作用，减轻或消除污染，从而实现自净。

▲ 污染

① 挥发

挥发是一种液体成分在没有达到沸点的情况下成为气体分子逸出液面的现象。大多数溶液存在挥发现象，因为它们分子间的吸引力相对较小，并且在做着永不停息的无规则运动，溶液中不同的溶质表现出不同的挥发性。

② 吸附

吸附是当流体与多孔固体接触时，流体中某一组分或多个组分在固体表面产生积蓄的现象。吸附作用是催化、脱色、脱臭、防毒等工业应用中必不可缺少的操作单元，可分为物理吸附和化学吸附。

③ 扩散

扩散是指物质分子从高浓度区域向低浓度区域转移直到均匀分布的现象，主要有生物学扩散、化学扩散、物理学扩散等。有些扩散需要介质，而有些则需要能量，因此不能将不同种类的扩散一概而论。

18 人类活动对土壤的影响

　　自从进入人类耕种历史以来，人力便参与了土壤的形成和变化过程。由于人类开垦天然土壤，土壤迅速从自然阶段转变为农业阶段。人类的耕种活动，使自然植被被破坏，土壤裸露，遭受大气、水、热的剧烈作用，有机质分解加快，难于积累，表土直接接受雨水的袭击，冲刷加剧，淋溶流失不断深入底层。木本植物被栽培植物代替，根系活力减弱，尤其是栽培植物周期短、更替快、养分积累慢，致使土壤中水、气等变化大，与自然土时期明显不同。自然土的开垦就是通过人的智慧和力量创造更多的产品，为人类服务。人们通过耕作施肥、灌溉排水、平整土地、改造地形以及经营管理等措施，定向培育

▲ 耕种

高度肥沃的土壤。

在作物的生长发育过程中，一方面要吸收土壤中的水分、养分等营养物质，另一方面又以其残根、落叶和根系的分泌物质补给土壤，同时根系的机械作用又影响着土壤的结构性能，从而导致土壤理化生物性状的改变。不同品种的农作物，产生的作用不同，其影响的性质也有所不同，如豆科作物在生长发育过程中，可因根瘤菌的活动而增加土壤的氮素营养。农业生产活动中，农民往往根据各种农作物对土壤的影响来搭配作物品种，合理耕作，调节土壤的肥力。

① 植被

植被就是覆盖地表的植物群落的总称。根据植被生长环境的不同可将其分为草原植被、高山植被、海岛植被等。受光照、雨量和温度等环境因素的影响，不同的地区会形成不同的植被。植被有净化空气、涵养水源、保持水土等作用。

② 淋溶

淋溶作用是指一种由于雨水天然下渗或人工灌溉，上方土层中的某些矿物盐类或有机物质溶解并转移到下方土层中的作用。它是地表一种重要的风化作用，有时会形成矿床。在石灰岩地区，长期淋溶可使岩层大量消失，有时也残积成铝矿床。

③ 化肥

化肥是化学肥料的简称，是以矿石、酸、合成氨等为原料经化学及机械加工制成，可为作物生长发育提供营养的肥料。作物生长所需的常量营养元素有碳、氢、氧、氮、磷、钾、钙、镁、硫；微量营养元素有硼、铜、铁、锰、锌、氯等。过多地使用化肥会对环境造成负担，甚至破坏环境。

19 耕种对土地的影响

　　耕作可以改善土壤的物理性状，造就疏松的耕作层，增加土壤的透气性和透水性。尤其是深耕，为作物根部活动和微生物的生活创造了有利条件。深耕的结果表明，作物的根系发育，加强了对底层养分的吸收与生物的累积，同时微生物活跃，加速了有机质的分解与合成作用，促进了作物的成长。

　　耕作结合施肥，还能够改善土壤养分条件，促使更多的营养物质加入生物循环中去，特别是有机肥料的施用，改善了土壤的物理性与生物性，补充了土壤中能量的来源，加强了生物循环的物质基础，促使土壤肥力迅速提高。

▲ 灌溉

农田合理灌溉排水可有效控制土壤水分状况，并通过土壤水分来调节土壤的空气、温度条件，促进有机质的合成与分解，以满足农作物生长需要。

此外，平整土地、修筑梯田及其他各项改良土壤的措施，都可为土壤肥力性状的改变和发展创造有利条件。尤其是有的改良措施，可以直接消除或削弱影响土壤肥力发挥的限制因素，例如，对强酸性的土壤施用石灰，可消除土壤酸性的危害；对盐碱土进行排水洗盐，则能消除盐分的危害。

①深耕

深耕指一块田地在播种、插秧之前，先要犁田，把田地深层的土壤翻上来，浅层的土壤覆下去，是用机引犁或松土铲翻耕深厚表土的耕作技术。深耕具有翻土、松土、混土、碎土的作用，合理深耕能显著促进增产。

②营养物质

营养物质是指促使水中植物生长，从而加速水体富营养化的各种物质，主要是指氮、磷等。从农作物生长角度看，它们是宝贵的物质，但过多的营养物质进入天然水体中反而会恶化水体质量，造成水体污染，形成水华，危害渔业生产。

③梯田

梯田是在坡地上分段沿等高线建造的阶梯式农田，通风透光条件较好，有利于作物生长和营养物质的积累，是治理坡耕地水土流失的有效措施，蓄水、保土、增产作用十分显著。按田面坡度不同可分为水平梯田、坡式梯田、复式梯田等。

20 城市建设对土地的影响

随着生产的发展，人们对土地的需求日益增加。扩建城市、开发矿山、修筑道路、建设工厂和住房，都要占去大片的土地。据统计，在1965年至1970年的5年间，美国仅采煤就破坏了1200平方千米表土，露天采矿毁地1.4万平方千米。世界上其他国家的情况也与美国不相上下。日本国土面积小，土地珍贵，但在20世纪60年代，因建筑、开矿、建工厂、修公路等也占去其全部耕地的7%以上。

近年来，城市化已成为一种世界趋势，城市膨胀、建筑物增加，势必占用大量的土地。据统计，世界上大城市的面积正以高出人口增长率两倍的速度在发展。未来城市的发展，仅人类居住一项，每年要失去14万平方千米耕地、6万平方千米牧场、18万平方千米的森林。

城市一般都是在水丰土肥的地方建设与发展起来

▲ 密集的城市建筑

的。随着城市化的发展，城市周围的肥美土地被日益蚕食，从而失去耕作的价值。如中国在过去30多年的工业建设和城市发展中，多占地、占好地的现象十分严重，造成大量良田的浪费，与发达国家比较，同样类型、相同规模的工业企业，在中国的占地面积是国外的2～3倍。目前，中国的工矿、城市用地面积已达70万余平方千米。

❶ 矿山

矿山包括煤矿、金属矿、非金属矿、建材矿和化学矿等，是开采矿石或生产矿物原料的场所，一般包括一个或几个露天采场、矿井和坑口，以及生产所需的各种辅助车间。按矿山规模大小，可分为大型矿山、中型矿山和小型矿山。

❷ 膨胀

膨胀是当物体受热时，其中的粒子的运动速度就会加快，因此占据了额外空间的现象。无论固体、气体、液体都能出现膨胀现象了，膨胀有好有坏，例如，温度计的使用就是利用液体膨胀的原理，而铁轨之间的缝隙则是为了使铁轨不被膨胀所破坏。

❸ 煤

煤是非常重要的能源，也是冶金、化学工业的重要原料，主要由碳、氢、氧、氮、硫和磷等元素组成，可分为烟煤、褐煤、无烟煤及半无烟煤。煤为不可再生的资源，综合、合理、有效开发利用煤炭资源，并着重把煤转变为洁净燃料，是人们努力的方向。

21 土壤侵蚀（一）

土壤侵蚀是指在风或水的作用下，土壤物质被破坏带走的作用过程。在自然状态下，纯粹由自然因素引起的地表侵蚀过程，速度非常缓慢，表现很不显著，常和土壤形成过程处于相对平衡状态。在人类活动的影响下，尤其是当人类破坏了土地上的植被后，就会大大加快自然因素引起的地表土壤破坏和土地物质的流失。

在未开垦的处女地上，生物的长期进化造就了种类繁多的动物和植物，并且形成了彼此依赖、相互制约的平稳状态。植物靠土地滋养，土地靠植物保护，水土不易流失，风雨侵蚀很少。但是，当荒地开辟为农田之后，自然生态系统的平衡就不复存在。由于栽培作物不及自然植被茂密，不能覆盖全部地表，风雨对土壤的侵蚀加剧，尤其是在作物收割之后，土壤直接暴露在风雨的冲击之下，细小的土壤颗粒会顺风飞散，随水流失，使土壤侵蚀恶化。细小的土壤颗粒是土壤中肥力最高的成分，它们的损失使土壤结构逐渐被破坏，贮水能力下降，土壤变得干燥、粗化，越来越不适于植物生长。随着植物生长量的减少，风雨侵蚀就会日益加剧。

对由于水的作用把土壤冲刷到别处的现象人们称之为水蚀，即通常所说的水土流失。它所造成的土壤流失是一个不断加剧的过程，一般由面蚀发展为沟蚀，最后导致土壤的全面破坏。

▲ 流水侵蚀地貌

① 生态系统

生态系统指生物群落与无机环境构成的统一整体，范围可大可小。无机环境是一个生态系统的基础，它直接影响着生态系统的形态；生物群落则反作用于无机环境，它既适应环境，又改变着周围的环境。

② 进化

进化是在生殖过程中，遗传物质发生重组和突变，使亲代和子代以及子代不同个体之间出现变异的现象。以自然选择为基础的进化理论，最早是由查尔斯·达尔文与亚尔佛德·罗素·华莱士所提出，详细阐述出现在达尔文出版于1859年的《物种起源》中。

③ 沟蚀

沟蚀是指坡面径流冲刷土壤或土体，并切割陆地表面，形成大小沟道的过程，是水土流失的主要方式之一。中国黄土高原等多暴雨、地面有一定倾斜、植物稀少、覆盖厚层疏松物质的地区，表现最为明显。

22 土壤侵蚀（二）

▲ 风力侵蚀地貌

由于水造成的土壤侵蚀，土壤耕作层变薄，土地生产力下降，土地资源受到严重破坏。全世界每年因水蚀都要损失大量的土地。此外，水蚀还造成河湖淤塞和水库淤积，导致抵御洪涝、干旱灾害的能力降低，生态平衡失调，其损失更难以计数。

土壤侵蚀的另一种营力是风，以风为动力的土壤侵蚀现象叫风蚀，由于地表缺乏植被覆盖，土层干燥时，每秒4～5米的起沙风吹拂地面就会造成风蚀。风蚀现象主要发生在干旱、半干旱地区。风蚀毁坏了土壤，降低了土壤肥力，被吹运的土壤因重新堆积而掩埋河道、湖泊、农田，从而给人类生活带来危害。风蚀发生发展的人为因素主要表现在草原过度开垦、超载放牧、过度伐薪，以及不合理利用与开发水资源上。

今天，土壤侵蚀已成为世界各国农业生产面临的最重大的问题之一，因土壤侵蚀而导致饥荒的例子，在世界许多地区都有出现。典型的例子是非洲的埃塞俄比亚，这个国家每年流失土壤达10亿吨，因此而损失的谷物达150万吨。在印度、尼泊尔等南亚国家，以及秘鲁、哥伦比亚等南美国家也发生着同样的悲剧。

① 土地生产力

土地生产力是指作为劳动对象的土地，与劳动和劳动工具在不同的结合方式和方法下所形成的生产能力和生产效果，是鉴别土地质量的重要依据。

② 水库

水库是一种具有拦洪蓄水和调节水流功能的水利工程建筑物，可以用来灌溉、防洪、发电和养鱼。通常是在山沟或河流的峡口处建造拦河坝而形成的人工湖。水库的规模通常按库容大小划分，分为大型、中型、小型等。有时天然湖泊也可以称为水库（天然水库）。

③ 谷物

谷类主要是指禾本科植物的种子，包括稻米、小麦、玉米、小米、黑米、荞麦、燕麦、薏仁米、高粱等。它主要给人类提供50%～80%的热能、40%～70%的蛋白质、60%以上的维生素B_1。

23 荒漠化

　　荒漠化是指在干旱、半干旱和某些半湿润、湿润地区，由于气候变化和人类活动等各种因素所造成的土地退化现象。它使土地生物和经济生产潜力减少，甚至丧失。由于荒漠化的影响，全世界每年有大量的农田减产乃至绝收，受荒漠化直接影响的人口达2.5亿以上，另有100多个国家约10亿人口面临着荒漠化的威胁。

　　荒漠化是全球性的灾难，它可使大量的良田变成不毛之地，直接摧毁人类赖以生存的土地和环境，给全球及许多发展中国家人民的生活和生存带来灾难，导致贫困的加剧和大规模的难民迁移，造成社会的动荡不安。从一定意义上来说，荒漠化的危害比洪涝、病虫害等自

▲ 荒漠化

然灾害还要严重得多，而且其危害短期内难以消除，可能延续几代人甚至不可逆转，有人称之为"地球的癌症"。

目前，世界土地总面积约40%已受到荒漠化的影响，全球荒漠化的面积约达3600万平方千米，占全球陆地面积的1/4，并以每年15万平方千米的速度扩展。全球有3600万平方千米耕地和牧场受到荒漠化的威胁，造成的经济损失每年高达420亿美元，其中亚洲210亿美元、非洲90亿美元、北美和南美地区80亿美元。联合国环境规划署指出：照此下去，整个地球将被卷入一场浩劫性的社会和经济灾难之中。

① 癌症

癌症是各种恶性肿瘤的统称，为由控制细胞生长增殖机制失常而引起的疾病。癌细胞的特点是无限制地增生，使患者体内的营养物质被大量消耗；癌细胞释放出多种毒素，使人体产生一系列症状；癌细胞还可转移到全身各处生长繁殖，导致人体消瘦、贫血、发热以及严重的脏器功能受损等。

② 虫害

危害植物的动物种类很多，其中主要是昆虫，另外有螨类、蜗牛、鼠类等。昆虫中虽有很多属于害虫，但也有益虫，对益虫应加以保护，使之加快繁殖，以便被更好利用。研究昆虫并掌握害虫发生和消长规律，对于防治害虫具有重要意义。

③ 病害

病害是植物在栽培过程中，受到有害生物的侵染或不良环境条件的影响，正常新陈代谢受到干扰，从生理功能到组织结构发生一系列的变化和破坏，以致在外部形态上呈现反常的病变现象。引起植物发病的原因包括生物因素和非生物因素。

24 关注土地荒漠化

土地荒漠化是自然地理、气候条件和人类活动等多种因素造成的。天然作用形成的荒漠化一般演变过程非常缓慢，例如气候干旱，往往需要几百年乃至数千年。而不合理的人类活动才是荒漠化发生发展的重要因素，如人类过度垦殖、过度放牧、破坏植被等可在短期内导致荒漠化产生。联合国环境规划署的资料表明，有34.5%的荒漠化土地是由于过度放牧所致，植被破坏导致的占29.5%，不合理农业活动占28.1%，其他人类活动如采矿、修路等占7.9%。因此，可以认为荒漠化乃是人为强度活动和脆弱环境相互作用的产物。

荒漠化作为一个全球性环境问题正日益引起人们的关注。1968年至1973年北非的持续干旱造成20万人和上百万的家畜死亡，这个悲剧也促成了内罗毕联合国防止荒漠化会议的召开，会上讨论了荒漠化的原因和防治对策。在1992年联合国环境与发展大会上，防治荒漠化被列为国际社会优先采取行动的领域。为了提高全人类对防治荒漠化重要性的认识，唤起人们防治荒漠化的责任感，1994年12月19日，第49届联合国大会决定从1995年起，每年6月17日为"世界防治荒漠化和干旱日"。与荒漠化作斗争，是21世纪全人类的共同任务。

▲ 过度放牧

① 放牧

放牧是家畜的饲养方式之一，是使人工管护下的草食动物在草原上采食牧草并将其转化成畜产品的一种饲养方式，也是最经济、最适应家畜生理学和生物学特性的一种草原利用方式。适度的放牧不仅有益于家畜成长，还有益于牧草生长。

② 联合国环境规划署

联合国环境规划署成立于1972年，总部设在肯尼亚首都内罗毕，是全球仅有的两个将总部设在发展中国家的联合国机构之一。其宗旨是促进环境领域内的国际合作，在联合国系统内提供指导和协调环境规划总政策，同时促进环境知识的取得和情报的交流。

③ 内罗毕

内罗毕是东非国家肯尼亚的首都，花团锦簇，有"阳光下的绿城"之称，也是非洲的大城市之一，联合国人居署与环境署的总部皆设于此。内罗毕现以制造业等为主要工业，近年旅游业收入也成为该市主要收入之一。

25 防治土地荒漠化

荒漠化造成的极其严重的后果及其不断扩张的趋势，引起了国际社会的极大关注。1999年11月13日，150多个国家和地区又一次聚集巴西，评估联合国1992年发起的防治土地荒漠化的号召取得的成果，并讨论如何为这一目标筹集资金。已有159个国家和地区在联合国防治荒漠化公约上签字。

荒漠化治理是一项十分迫切而又十分艰巨的任务，是关系到人类自身生存环境的转变和全球经济社会发展的千秋大业。防治荒漠化实质上就是如何使已经荒漠化的土地恢复生产力，改良退化的土地，扭转荒漠化土地的退化进程，预防荒漠化土地的蔓延。

国际上对荒漠化的研究和开发主要是从景观生态系统入手，研究系统中各组成单元的相互关系；着重于环境的保护、植被的重建以及合理利用荒漠地区的资源，实现生态、经济、环境和人口的持续发展。其中植被的重建，如营林育草等，对于防风固沙起着十分重要的作用。

人们对于荒漠化的防治也是在边摸索边学习中实施的，只有加强国际间的交流、互助，才能更有效地达到对荒漠化治理的目的。

① 沙障固沙

对于荒漠化地区，防风固沙是关键，设置沙障就是固沙的一个好办法。沙障种类主要有草方格、黏土、篱笆等。其中黏土固沙施工简单，且固沙效果较好，但需要大量的黏土；草方格沙障是使用稻草、麦草、芦苇等材料，具有截留降雨的作用，还有利于沙生植物的生长。

② 植物治理荒漠

想达到治理荒漠化的长期效果，就要改变荒漠的本质。在沙漠地区播种沙生植物，以阻止沙漠扩张，改善沙漠土地。沙生植物可抵抗狂风的袭击，且不易失水，能够很好地适应干旱少雨的环境。种植沙生植物不仅可以固沙，还能形成防风林。

③ 巴西

巴西联邦共和国是拉丁美洲最大的国家，东临南大西洋，北面和南面与其他南美国家接壤，人口居世界第五，面积居世界第五。巴西的地形主要分为两大部分，一部分是海拔500米以上的巴西高原，分布在巴西的南部；另一部分是海拔200米以下的平原，主要分布在巴西的西部和北部的亚马孙河流域。

▲ 治理荒漠化

26 治理荒漠化的尝试

▲ 沙漠植物

用高新技术来防治荒漠化是目前国际社会发展的主流，如生物技术和保水剂。用生物技术改造荒漠的方法主要有：第一，加强稀有沙生植物的繁衍和生态研究，培育改造沙漠的先锋植物。第二，用微生物改变沙漠性质，变沙子为土壤。利用微生物一方面可发挥某些特殊微生物如硅酸盐细菌的作用，以改造沙漠性质；另一方面，干燥失水状况下对具有复活能力的隐生生物的充分利用，可扩大生物量和增加保水剂成分，有利于改土和保水。第三，利用基因工程技术培育抗旱性植物用于荒漠改造，还可发展高吸水性生物聚合物用于沙漠改造等。

保水剂是20世纪60年代日本、美国等科学家研制出来的一种新材料，这种材料能吸收相当于自身重量数百倍的水分，并且吸水速度快，有很强的保水能力，吸水后即使用力挤压，水也不会析出。如果将保水剂混合在沙土中，可保持水分不被蒸发和渗漏，能较好地被植物所吸收，这样植物就能茁壮成长。美国在西部干旱地区推广这种材料，取得了良好效果。由此可见，保水剂既可以治理沙漠，防止农田荒漠化，又能节约大量灌溉用水，是一种防治荒漠化的重要材料。

❶ 基因

基因是遗传的物质基础，是DNA或RNA分子上具有遗传信息的特定核苷酸序列。人类大约有几万个基因，储存着生命孕育、生长、凋亡过程的全部信息，通过复制、表达、修复，完成生命繁衍、细胞分裂和蛋白质合成等重要生理过程。

❷ 沙漠

沙漠是指地面完全被沙覆盖、植物非常稀少、雨水稀少、空气干燥的荒芜地区。地球陆地的1/3是沙漠，沙漠地域大多是沙滩或沙丘，沙下岩石也经常出现，泥土很稀薄，植物也很少。有些沙漠是盐滩，完全没有草木。沙漠一般是风成地貌。

❸ 蒸发

水由液态或固态转变成气态并逸入大气中的过程称为蒸发。在一定时段内，水分经由蒸发而散布到空中的量就是蒸发量。一般湿度越小、温度越高、气压越低、风速越大则蒸发量就越大，反之蒸发量就越小。一个少雨地区，如果蒸发量很大，极易发生干旱。

27 沙漠化

　　沙漠化是指干旱和半干旱地区，在自然因素和人类活动的共同影响下而导致的生态系统被破坏，原来非沙漠的地区出现了类似沙漠的环境变化。据土壤学家研究，沙漠化是自然原因和人为因素综合作用的产物，究其原因主要有人类过度利用土地及过度放牧、大风侵蚀和气候干旱等。出现沙漠化，风是主要的动力因素，人为活动是诱因，干旱则是必要条件。

　　沙漠化主要发育在干旱、半干旱地区。在降雨量小的干旱地区，水分不仅无法满足高大树木生长的需要，甚至不足以维持一个完整的草原植被的生长需要，于是在植物之间就出现空隙，裸露的地表受到风蚀，微细的土壤颗粒被大风刮走，土壤逐渐粗化，并导致片状流沙形成，继而流沙移动，侵入邻近的土地。

　　自从人类开始农业耕作以来，人为地消灭了大量的自然植被，过度放牧使牧草再生速度减慢，樵采和滥伐树木等更加速了植被的破坏，植被大量减少，土地失去保护，风蚀日益加剧，导致沙漠化迅速发展，这是沙漠化形成的主要原因。

　　土地沙漠化使大量土地沦为沙漠，给人类带来巨大的灾难。古往今来，由于沙漠化肆虐，大量的农田、牧场被沙漠吞噬，无数的村镇被埋没，连中国盛及数世纪的丝绸之路也是由于沙漠化而被阻断。昔日在丝绸之路上兴旺一时的楼兰古城也被淹没在沙漠之中。

▲ 沙漠化

① 丝绸之路

丝绸之路简称丝路，是指西汉时，由张骞出使西域开辟的以长安（今西安）为起点，经甘肃、新疆到中亚、西亚，并联结地中海各国的陆上通道。因为由这条路西运的货物中以丝绸制品的影响最大，故得此名。

② 楼兰古城

楼兰属西域三十六国之一，与敦煌邻接。楼兰古城位于今天中国新疆巴音郭楞蒙古自治州若羌县北境，罗布泊以西，孔雀河道南岸7千米处，整个遗址散布在罗布泊西岸的雅丹地形之中。

③ 降雨量

降雨量是从天空降落到地面上的雨水，未经蒸发、渗透、流失而在水面上积聚的水层深度。降水量一般用雨量筒测定，所以降水量中可能包含少量的露、霜和凇等。

28 防治沙漠化

　　长期以来，人类不顾后果的滥垦、滥伐、滥牧，导致世界上许多沙漠向外推进。据统计，现在地球上有4500万平方千米土地存在着不同程度的沙漠化问题。专家们警告：如果不采取特殊措施，制止人类不合理利用土地等行为，世界上将有更多的良田变为不毛之地，全球将陷入严重的环境危机之中。

　　世界各国针对沙漠化都在研究防治措施、拟定防治策略。初步结果表明为防止沙漠化进一步扩大，应合理利用水资源，依靠生物和工程措施构筑防护林体系，调节农林牧副渔的关系并采取综合措施，多途径地解决当地能源问题。建议推广作物的轮休制度、退耕还林还草以及控制人口的增长。然而，最切实际的还是加大土壤保护制度的推进力度，并加强对沙漠化知识的传授。

　　改革开放以来，中国进入了一个崭新阶段，制定了大量的法律法规。与防治沙漠化有关的有《环境保护法》《森林法》《草原法》《水土保持法》等。

① 过度放牧

　　过度放牧就是指草地放牧牲畜密度过大，超出生态系统调节能力的行为。在一定面积上，一定的草量，只能供养一定数量的牲畜，放牧者如想要牧业持续发展，必须根据草场中可食性牧草的再生能力来确定放牧时间和放牧量，以避免过度放牧。

② 轮休

轮休在生活中通常指职工轮流休息。在农业上则是指某一耕种时期不种植农作物，让土地空闲起来以恢复地力。这里的地力则是指土地的肥沃程度，即土壤供应作物营养的能力，也可以简称为肥力。

③ 改革开放

改革开放是邓小平理论的重要组成部分，是20世纪70年代末中国开始实行的改革经济政策、对外开放政策。它包括对内改革和对外开放。对外开放是中国的一项基本国策，中国的强国之路，是社会主义事业发展的强大动力，我们要毫不动摇地坚持改革开放。

▲ 护沙网

29 土地盐渍化

　　土地盐渍化是造成土地资源丧失的一个主要因素，也是一个重大的环境问题。土地盐渍化表现为土壤中的盐分高度集中，人们一般把表层含有0.6%以上的易溶盐土壤称为盐渍土。土壤盐渍化程度高时，一般植物很难成活，土地就成了不毛之地。

　　盐渍土可分为含碳酸盐为主的碱盐土和含硫酸盐为主的松盐土。它会造成生态环境恶化，从而影响植被生长，造成农作物减产或绝收。盐渍土还能腐蚀、损坏工程设施，每年所造成的损失高达25.11亿元。

▲ 海滨

盐渍土主要分布在内陆干旱、半干旱地区和滨海低地。全世界盐渍土面积占干旱地区总面积的39%，约1/3灌溉面积的土地，受不同程度的破坏，有30多个国家受到盐渍化的严重危害。据报道，全世界目前有43万平方千米的灌溉土地不同程度地受到洪涝和盐渍化的危害，其中20万平方千米土地受到盐渍化危害，每年在干旱地区因盐渍化而失去可灌溉的土地有1万～1.3万平方千米之多，造成了大量土地资源的浪费，严重阻碍了农业生产的发展。因此，治理土地盐渍化已成为一个亟待解决的重大问题。

① 海滨

海滨是与海相邻的陆地，更正式的说法是潮汐中间的地带。水的运动形成了海滨的界线，海浪打击陆地的最高点是海滨的上界，下界以低潮的最底线为界。

② 碳酸盐

碳酸盐是金属元素阳离子和碳酸根相化合而成的盐类。碳酸盐矿物的种类为95种左右，自然界存在的碳酸盐矿有方解石、白云石、菱铁矿、菱锌矿、白铅矿、碳酸锶矿和毒重石等。外生成因的碳酸盐矿物分布广泛，可形成大面积分布的海相沉积地层；内生成因的碳酸盐岩多数出现在岩浆热液阶段。

③ 硫酸盐

硫酸盐是由硫酸根离子与其他金属离子组成的化合物，都是电解质，且大多数溶于水。目前已知的硫酸盐矿物种类有170余种。硫酸盐矿物的形成需要氧浓度大和低温的条件，因此地表部分是最适宜形成硫酸盐矿物的地方。

30 土地盐渍化原因

　　土地盐渍化主要是由于气候、排水不畅、地下水位过高及不合理灌溉等原因造成的。世界上约有一半耕地处于干旱半干旱地区。为了保证农业收成，灌溉是必不可少的手段，合理的灌溉可以达到改良土壤、提高农作物产量的目的。世界上得到灌溉的农业耕地仅有5%，但其产量却占世界粮食总产量的40%。然而，不良的灌溉则可导致地下水水位上升，引起土壤盐渍化。由于人类不合理的农业措施而产生的盐渍化称为次生盐渍化。

　　在大多数灌溉活动中，人们会利用河水灌溉农田。河流在被截流

▲ 恶化的土地环境

或大量提水用于灌溉后，河水流量减少，水中盐分增加，河流冲刷盐分的能力也降低了，因而河床地带就会发生盐分沉积，造成沿河地带土地的盐渍化。当河水含盐度低于700毫克/升时，可用于灌溉，当其含盐度高于2100毫克/升时，已不适于农业灌溉。

干旱地带的土壤水分蒸发快，在用河水或地下水灌溉土地后，水分很快被蒸发或被植物的根系吸收，而水中的盐分却滞留在土壤中，如此日积月累，当土地中的盐分增加到一定程度，则成为无耕作价值的盐渍地。

❶ 河床

河床是谷底部分河水经常流动的地方。河床按形态可分为顺直河床、弯曲河床、汊河型河床、游荡型河床。由于河床受侧向侵蚀作用而弯曲，所以河道位置经常改变。由于河流截弯取直而形成的地形，称作牛轭湖。

❷ 地下水

地下水是指埋藏和运动于地面以下，各种不同深度含水层中的水。地下水是水资源的重要组成部分，由于其水质好，水量稳定，所以是农业灌溉、城市和工矿的重要水源之一。不过在一定的条件下，地下水的变化也会引起沼泽化、盐渍化、滑坡、地面沉降等自然现象。

❸ 地下水位

地下水位是指地下含水层中水面的高程。它并不是固定不变的，地震造成地势的抬高、地下河道的下沉以及人类过度利用等会导致水位的下降；降雨量短时间增大、不合理的农业漫灌等会导致水位的上升。

31 黑风暴

黑风暴就是一种强沙尘暴（瞬时最大风速≥25米/秒，能见度≤50米，甚至降低到0米），是浓密度沙尘和强风混合的灾害性天气现象，其中强风是启动力，具有丰富沙尘源的荒漠是物质基础。黑风暴发生时，大风扬起大量沙子会形成一堵沙墙，致使所过之处能见度急剧下降，几乎为零，因此称它为"黑风暴"。

沙尘暴是沙漠化加剧的象征，由于其发生于春夏交接之际，故其形成大多与气象因素、大气环流和地貌形态有关。人口激增造成滥垦滥牧、森林砍伐过度，草原被破坏导致表土裸露，使土地沙化、生态系统失衡，所以沙尘暴的产生与人为的生态环境破坏密不可分。

中国每年由于风沙灾害所造成的直接经济损失高达40多亿元。新疆、甘肃、青海、宁夏以及陕西和内蒙

▲ 沙尘暴

古的中西部地区是中国沙尘暴的多发区。1993年5月5日的特大沙尘暴使甘肃、宁夏和内蒙古部分地区遭受巨大损失，死亡85人，伤残264人，失踪31人，直接经济损失7.25亿元，严重影响了这些地区的经济发展。

① 沙尘暴

沙暴和尘暴总称为沙尘暴，是指强风把地面大量沙尘物质吹起并卷入空中，使空气特别浑浊，水平能见度小于1000米的严重风沙天气现象。其中沙暴指大风把大量沙粒吹入近地层所形成的挟沙风暴；尘暴则是指大风把大量尘埃及其他细粒物质卷入高空所形成的风暴。

② 水平能见度

水平能见度是指视力正常者能对他所在的水平面上的黑色目标物加以识别的最大距离，如果在夜间则是指能看到和确定的一定强度灯光的最大水平距离。气象上所定义的能见度只受大气透明度的影响，在交通运输和环境保护方面具有特殊的重要意义。

③ 大气环流

大气环流是形成沙尘暴的元凶，一般是指具有世界规模的、大范围的大气运行现象。大气环流形成的主要原因，一是太阳辐射，二是地球自转，三是地球表面海陆分布不均匀，四是大气内部南北之间热量、动量的相互交换。研究大气环流有利于提高天气预报的准确率和加深对全球气候变化的探索。

32 黑风暴的危害

黑风暴的危害主要体现在对生态环境的破坏、对生产生活的影响、对生命财产的损害、对交通安全的影响以及对人体健康的危害上。

黑风暴不仅会破坏建筑物，摧毁树木、构架，而且干旱地区土壤疏松，在大风作用下就会产生风蚀，土壤中的有机质和细小黏土被大风刮走，位置被黑风暴携带的沙子所取代，土壤肥力因此而大大降低，作物出苗和作物的产量都会受到影响。在背风凹洼等风速较小的地形中，风中所携带的沙尘降落、聚集后便会形成沙埋。沙埋会损害物品、阻碍交通，甚至造成人员伤亡。例如，1993年5月5日黑风中发生沙埋的地方，沙埋厚度平均20厘米，最厚处达到了1.2米。

沙尘天气含有各种病毒、细菌、有毒化学物质等，当人暴露其中时，即使有层层防护，这些尘土也可透过，进入口、鼻、眼、耳中。如果这些含有大量有害物质的尘土得不到及时的清理，就极有可能引发疾病。

① 沙埋

沙埋这种危害一般出现在有风沙入侵绿洲和戈壁滩的地段，也可出现在沙漠、片状沙地相连接的狭长地带。它表现为沙尘暴以排山倒海的势头向前移动，下层的沙粒在狂风的驱动下滚滚向前，遇到障碍物或风力减弱时，沙粒落下来，从而埋压农田、村庄、工矿、铁路、公路、水源等。

▲ 沙尘暴对土地的危害

② 病毒

生物病毒是一类个体微小，结构简单，只含单一核酸，必须在成活细胞内寄生并以复制方式增殖的非细胞型微生物。病毒同所有生物一样，具有遗传、变异、进化的能力，并且具有高度的寄生性。

③ 风暴

风暴在环境领域泛指强烈天气系统过境时出现的天气过程，特指伴有强风或强降水的天气系统，例如龙卷风、台风、雷暴、热带气旋、热带风暴等。在生活中，风暴一词也比喻规模大而气势猛烈的事件或现象。

33 化肥污染（一）

为了给土壤补充营养物质，使农作物生长得更好，农民会为土壤施化肥。从统计数据可知，近代世界粮食产量的增加，至少有40%是化肥的贡献。然而，化肥的用量要恰当，不可盲目增加，否则，效果会适得其反。过量施用化肥所引起的土壤污染则是化肥污染的主要表现形式，其具体表现为以下几方面：

▲ 化肥厂

重金属和有害元素的增加。化肥从原料开采到加工生产，总会被带进一些有毒物质和有害元素。锌、铜、钴和铬就是化肥中主要产生污染的、直接危害人体健康的重金属。经研究，无论是微酸性土壤、酸性土壤还是碱性土壤，化肥的长期施用都会造成土壤中重金属元素的富集，而这些富集的重金属元素都会或多或少、直接或间接地影响动植物，甚至人类。

微生物活性降低导致物质难以转化及降解。土壤微生物具有转化有机质、分解矿物和降解有毒物质的作用，所以我们称土壤微生物为个体小而能量大的活体。实验表明，施用不同的肥料对微生物会产生不同程度的影响。中国目前施用的化肥以氮肥为主，虽然磷肥、钾肥和有机肥的施用量较低，但都会造成土壤微生物数量和活性的降低。

❶ 碱性土壤

碱性土壤又称石灰性土壤，是土壤剖面中含有碳酸钙或碳酸氢钙等石灰性物质的土壤的总称。石灰性土壤中盐基高度饱和，呈中性至碱性反应，土壤中碳酸钙含量的多少，可以影响许多重金属元素在土壤环境中的行为。

❷ 氮肥

氮肥是含有作物营养元素氮的化肥。氮肥可分为铵态氮肥、硝态氮肥和酰胺态氮肥。元素氮是植物体内氨基酸的组成部分，是构成蛋白质的成分，也是植物进行光合作用时起决定作用的叶绿素的组成部分。施用氮肥不仅能提高农产品的产量，还能提高农产品的质量。

❸ 有机肥

广义上，有机肥由各种动物、植物残体或代谢物组成，如人畜粪便、动物残体等。狭义上，有机肥专指对各种动物废弃物和植物残体，采用物理、化学、生物或三者兼有的处理技术，经过一定的加工工艺，消除其中的有害物质，以达到无害化标准而形成的，符合国家相关标准及法规的一类肥料。

34 化肥污染（二）

虽然化肥的适当施用，可以提升作物的产量，但过度地使用就会引发一系列的环境问题。其对土壤环境的污染问题尤为突出，除了会造成重金属富集、微生物活性降低，还会产生以下两方面的影响。

土壤养分失调，硝酸盐累积。长期地施用某种化肥，就会导致土壤中某种元素富集，而其他元素消耗加剧，这样就会造成土壤营养失调。如对于施用氮肥为主的中国而言，这些氮肥施入土壤后，经土壤酶和微生物作用，转变为硝酸盐，土壤中过量的硝酸盐，易被植物过量地吸收，因此发生累积。这种农作物产品，在贮藏中所含硝酸盐可还原为亚硝酸盐；在动物体内，特别是在反刍动物胃中，也易还原为亚硝酸盐。这种富含硝酸盐的作物为人畜食用后，可干扰血液中氧的循环，诱发缺氧症，严重时人畜会窒息死亡。

土壤酸碱度变化大，酸化加剧。化肥中的不同成分会在很大程度上影响土壤的酸碱度，而长期地施用化肥则会加剧土壤的酸化，这种现象在酸性土壤中尤为严重。土壤酸化后可加速钙、镁从耕作层淋溶，从而降低盐基饱和度和土壤肥力。

① 硝酸盐

硝酸盐是由金属离子或铵根离子与硝酸根离子组成的盐类，多用于焰火、试剂、图像处理行业。如果不慎误食硝酸盐，应用水漱口，然后饮牛奶或蛋清并立即就医；如果皮肤不慎接触，应立即脱去被污染衣着，用大量流动清水冲洗至少15分钟并尽快就医。

② 酶

酶大多数由蛋白质组成，是指由生物体内活细胞产生的一种生物催化剂。酶是细胞赖以生存的基础，生命活动中的消化、吸收、呼吸、运动和生殖都是酶促反应过程。哺乳动物的细胞含有几千种酶，没有酶的参与，新陈代谢只能以极其缓慢的速度进行，生命活动根本无法维持。

③ 反刍

反刍俗称倒嚼，是指进食经过一段时间以后将半消化的食物返回嘴里再次咀嚼的行为。有这种反刍现象的动物就叫作反刍动物，因为植物的纤维是比较难消化的，故反刍动物通常是一些食草动物，如骆驼、长颈鹿、羊驼、羚羊、牛、羊等。

▲ 各种化肥

35 科学使用化肥

化肥的使用如同一把双刃剑，在增加作物产量的同时，对环境安全也存在着相当大的隐患。于是，如何对化肥进行科学的、合理的使用，便成为人们关注的焦点。

有效地防治化肥污染，首先要提高群众的环保意识，加强教育，令其充分了解化肥污染的严重性，从而调动更多的人加入防治土壤化肥污染的行列当中。同时，加强管理并注重化肥中污染物质的监测检查，以防土壤被化肥带入过量的有害物质。

其次要对化肥本身做研究。施用有机肥可以增加土壤微生物和土壤有机质，改善和提高土壤结构和土壤的吸收容量，同时增强土壤胶

▲ 施肥

体对重金属等有毒物质的吸附能力。在以有机肥为主的条件下，根据作物的需肥规律、土壤的供肥性能以及肥料效应，在产前提出各种化肥的适宜用量、比例和施用方法，从而减少化肥的浪费，避免对土壤环境造成污染。

再次要对施肥方法进行改进。可以根据化肥成分，采取不同的施肥方法，如氮铵的深施可提高利用率31%～32%；磷肥按照旱重水轻的原则集中施用，可以提高磷肥的利用率，并能减少对土壤的污染。还可以采用深翻和换土等方法减少土壤重金属和有害元素。

① 土壤结构

土壤结构是成土过程或利用过程中由物理、化学和生物等多种因素综合作用而形成的，是指土壤颗粒的排列与组合形式。按其形状可分为块状、片状和柱状三大类型，按其大小、发育程度和稳定性，可分为团粒、团块、块状、棱块状、棱柱状、柱状和片状等结构。

③ 胶体

胶体又称胶状分散体，是一种分散质粒子直径介于粗分散体系和溶液之间的一类分散体系，这是一种高度分散的多相不均匀体系。按照分散剂状态不同分为气溶胶、液溶胶和固溶胶；按分散质的不同可分为粒子胶体和分子胶体。著名的丁达尔效应便和胶体有关。

③ 丁达尔效应

丁达尔效应是英国物理学家约翰·丁达尔首先发现的。其具体内容为当一束光线透过胶体，从入射光的垂直方向可以观察到胶体里出现的一条光亮的"通路"，这种现象叫丁达尔现象，也叫丁达尔效应。这条光亮的"通路"是由于胶体粒子对光线散射形成的。

36 农药对土壤的污染

农药是指在农业生产中，为保障、促进植物和农作物的成长，所施用的杀虫、杀菌、杀灭有害动物（或杂草）的一类药物的统称。进入土壤的农药，有些能随时间的推移在外界气候条件和微生物的作用下不断分解消失，有些"寿命"却相当长，在较长时期内继续污染农作物。例如，土壤中的有机氯农药，由于其长残留特性，对土壤的污染将会持续很长一段时间。

曾经发生过这样一件事，某个地区误把杀虫农药砷酸钙当作化肥施入农田，造成土壤严重中毒，以至过了十几年，在那块土地上种植的水稻还不容易发根，秧苗容易枯死，产量极低，可见农药对土壤污染的隐患之深。

一些含有砷、汞、铅等重金属的重金属制剂也可导致土壤的污染。这些元素本身对人畜具有剧毒，大量使用时危害极大，而且它们在土壤中的残留时间也较长，其半衰期可长达10～30年。

有机氯农药被淘汰以后，作为替代产品的有机磷、氨基甲酸酯、有机氮杀虫剂及磺酰脲类除草剂等品种大量涌现。与有机氯农药相比，这些农药虽不会构成大范围、持久性的土壤污染，但对土壤的污染问题也不容忽视。

① 半衰期

半衰期是指放射性原子核素衰变一半所需要的时间。它是放射性核素的固有特性，不会随外部因素而改变。而在讲污染物的半衰期时，是指某一区域某种污染物质的污染浓度下降至原来的一半时所需的时间。

② 有机氯农药

有机氯农药是用于防治植物病虫害的，组成成分中含有有机氯元素的有机化合物。这种农药对人类也具有毒害作用，急性中毒时主要会刺激神经中枢，慢性中毒表现为体重减轻等，有时也可导致小脑失调、造血器官障碍等。

③ 植物性杀虫剂

植物性杀虫剂指由植物、动物、微生物等产生的具有农用生物活性的次生代谢产物开发的农药。和传统的化学合成农药相比，植物性杀虫剂具有毒性较低、使用较安全、防治谱较窄、对环境的压力较小等特点。

▲ 各类农药

37 科学使用农药

目前，市面上的各种农药质量参差不齐，功效也具有很大差异。于是，是否能做到对症用药，是能否达到科学使用农药的首要关键。必须要根据防治对象来选择农药，避免盲目用药。配置农药时要细心，一定要准确注意农药及水的用量，兑成母液后再进行稀释，并且注意环境及人员的安全。

不同的草害病虫，具有不同的防治适期，为达到最理想的防治效果，就要正确地选择防治适期。一般可根据当地农业部门的预测预报来确定不同的草害病虫的防治适期。然而，选对了时期，农药使用的

▲ 喷洒农药

技术也应得到重视。首先要选择适宜的器械，其次要选择适宜的天气施药，然后再根据防治对象的不同而采取相应的施药技术，最后一定要注意周围作物以避免产生药害。同时，在使用时应按照农药标签上的规定，在农药安全间隔期内施药，这样才能确保农药残留量不超标。

施药时，不仅要注意避免对作物产生药害，对于施药的人员，也要做好防护措施，毕竟农药是有毒品，应慎重对待。在施药后，还要注意对环境的保护，剩余药液及清洗喷雾器形成的废水应妥善处理，不可随意倾倒。

① 禁止使用的农药

六六六（HCH），滴滴涕（DDT），毒杀芬，二溴氯丙烷，杀虫脒，二溴乙烷（EDB），除草醚，艾氏剂，狄氏剂，汞制剂，砷类，铅类，敌枯双，氟乙酰胺，甘氟，毒鼠强，氟乙酸钠，毒鼠硅，甲胺磷，对硫磷，甲基对硫磷，久效磷，磷胺等。

② 农药安全间隔期

安全间隔期是指最后一次施药至放牧、收获（采收）、使用、消耗作物前的时期，自喷药后到残留量降到最大允许残留量所需的间隔时间。在果园中用药，最后一次喷药与收获之间必须大于安全间隔期，以防人畜中毒。

③ 喷雾器

喷雾器是喷雾器材的简称，由压缩空气的装置、细管和喷嘴等组成，是利用空吸作用将药水或其他液体变成雾状，均匀地喷射到其他物体上的器具。喷雾器在农业领域的使用最为广泛，主要有普通手摇式喷雾器、高压自动喷雾器、电动喷雾器和机动喷雾器等品种。

38 农药使用误区

在农业生产中，农药的地位越来越高，其用量也逐年增加，然而，农药的正确使用方法，却没有随之得到更高度的重视，一些农民朋友甚至在使用时产生了种种误区，其主要表现为：

发病初期不用药，严重时随意加大用药量及浓度。使用超过规定浓度的农药，不仅易发生药害，而且会使病虫对农药产生抗药性，从而导致农药的失效、浪费。大部分的病虫害在发病初期时症状较轻，抓紧在此时用药效果最好，如果等到其大面积爆发，用药再多也难以遏制了。

长期使用单一农药品种，不能对症下药。在使用农药前，最好到正规有资质的植保部门进行咨询，争取做到农药的对症下药。而且选中一种农药后，不可忽略其使用效果而长期使用，这样会导致病虫产生抗药性，即使农药的用量再大也无济于事。

多种农药混合使用，缺乏保护和利用天敌的意识。不少农民为求高效，用几种杀虫剂、杀菌剂等混合使用，但是这样反而影响了药效，严重的还会影响作物生长。在施药之前应先观察，当害虫相较其天敌数量较少时，可不喷药，而当害虫过多非喷药不可时，也应尽可能使用对天敌影响不大的高效低毒农药，力求利用天然的方法灭虫，降低农药的使用量。

▲ 新型洒农药无人飞机

① 抗药性

抗药性又称耐药性，是指昆虫种群能忍受杀死其大部分个体的杀虫药剂药量的能力，这一能力能在种群中逐渐发展。其同样适用于微生物，是指病原微生物对抗生素等药物产生的耐受能力和抵抗能力。

② 天敌

天敌即天然的仇敌，自然界中某种生物生性捕食或危害另一种生物，前者就是后者的天敌。从生物群落中的种间关系分析可以是捕食关系或是寄生关系，如猫是鼠的天敌，寄生蜂是某些作物害虫的天敌，噬菌体是某些病毒的天敌。

③ 杀虫剂

杀虫剂是主要用于防治农业害虫和城市卫生害虫的药品。其使用历史长远、用量大、品种多。按作用方式可分为胃毒剂、触杀剂、熏蒸剂、内吸杀虫剂；按毒理作用可分为神经毒剂、呼吸毒剂、物理性毒剂和特异性杀虫剂；按来源可分为无机和矿物杀虫剂、植物性杀虫剂、有机合成杀虫剂及昆虫激素类杀虫剂。

39 污泥肥料

在城市污水或工业废水的处理过程中，会产生大量的污泥。一个每天处理10万立方米的城市污水处理厂，每天产生的污泥达230立方米左右。由于这些污泥中常含有大量的有毒或有害物质，如果处理不当，会对环境造成二次污染。但是污泥中还含有大量植物所需的养分及其他有用物质，具有一定的利用价值，因此对这些污泥的处理和利用，历来是废水处理中的一个十分重要的问题。

近些年来，污泥施肥这种方法被广泛利用，有的国家还用管道把污泥直接输送到农田，这样既处理了污泥，又能利用污泥里丰富的营养物质供给农作物养分，可谓一举两得。

▲ 肥料充足的农田

污泥的肥效十分显著。一般城市污水处理厂污泥和以微生物残骸为主体的活性污泥当中，都含有许多农作物所需要的氮、磷、钾等营养成分，以及某些微量元素和丰富的有机质。有人对污泥的肥料成分做了分析，可知污泥中氮含量占4.6%～6.4%，五氧化二磷含量占4%～7.4%，腐殖质含量占41%。这些营养物质对农作物生长十分有利，施用以后有一定的增产效果。此外，污泥里还含有腐殖酸、胡敏酸，以及铜、钼、锌等微量元素，对农作物生长有一定的刺激作用。污泥还可增加土壤的有效养分，有利于土壤的改良，特别是对沙质土壤施用效果会更好。

① 污水处理厂

从污染源排出的污染物总量较多或浓度较高的污水，需要经过人工强化处理，才能达到排放标准要求或适应环境容量要求，从而不至于降低水环境质量，这个处理污水的场所就是污水处理厂。一般分为城市集中污水处理厂和各污染源分散污水处理厂。

② 二次污染

二次污染是指当某些一次污染物，在自然条件的作用下，改变了原有性质，特别是那些反应性较强的物质，性质极不稳定，容易发生化学反应，从而产生新的污染物对环境所造成的污染。由于其形成机理复杂，防治比较困难。

③ 微量元素

微量元素是相对于大量元素来划分的，根据寄存对象的不同可以分为多种类型，目前较受关注的主要是两类，一种是非生物体中（如岩石中）的微量元素，另一种是生物体中的微量元素。人体所需的微量元素有铁、锌、铜、锰、铬、硒、钼、钴、氟等。

40 污泥肥的缺点

污泥施肥最大的障碍，是污泥中含有一些十分有害的物质。一般不同类型的污泥中有害物质的种类和含量大不相同。来源于石油化工厂和焦化厂的污泥含有酚、氰、苯等有机毒物，这些有机毒物的性质比较活泼，会在污泥干化过程中受到土壤微生物的作用和紫外线照射而逐步分解，一般不会逐年积累，对农作物的危害主要发生在施肥初期，危害不大。以矿山、冶炼等污水为主的污泥中重金属的含量较高，在所含的重金属当中，有的是农作物所需要的微量元素，如铜、锌、铁等，可以促进农作物生长，但是数量过多也会引起危害；有些重金属元素如镉、汞等，农作物根本不需要，是会产生严重危害的物质。已经发现由于长期大量施用污泥，出现农作物减产、品质下降、残毒过高，改变土壤理化性状、土质变坏的现象，这应引起人们的重视。

为了避免污泥施肥对土壤的污染，一些国家在污泥施肥方面做了很多规定，制定了污泥的使用标准。如美国规定用作农肥的污泥中某些金属的最大含量，按每克干污泥计算，镉为10微克，汞为10微克，铜为1000微克，铅为1000微克。为此在施用前要检测污泥成分，规定施加量和施用次数，污染污泥不许用作农肥。

▲ 农作物

① 石油

石油又称原油，属于化石燃料，是一种黏稠的深褐色液体。石油的性质因产地而异，黏度范围很宽，可溶于多种有机溶剂，不溶于水，但可与水形成乳状液。地壳上层部分地区有石油储存，它是古代海洋或湖泊中的生物经过漫长的演化而形成的。

② 紫外线

紫外线属于物理学光线的一种，自然界的主要紫外线光源是太阳。紫外线在生活、医疗以及工农业都被有效利用。它能使照相底片感光，可用来制作诱杀害虫的黑光灯，能杀菌、消毒、治疗皮肤病等，还可以防伪。

③ 冶炼

冶炼是一种用焙烧、熔炼、电解以及使用化学药剂等方法把矿石中的金属提取出来的提炼技术，可以减少金属中所含的杂质或增加金属中某种成分，炼成所需的金属。可分为火法冶炼、湿法提取和电化学沉积。

41 铜污染及其来源

铜是维持生命活动所必需的微量元素之一，哺乳动物和植物都需要铜。然而，过量的铜则会产生污染，无论对动植物还是人类都会产生危害。铜污染是指铜及其化合物在环境中所造成的污染。铜污染在大气、水体以及土壤中均有发生。

铜污染主要来源于铜锌矿的开采和冶炼、机械制造、金属加工、钢铁生产等，其中冶炼所排出的烟尘是大气铜污染的主要来源。在机器制造、冶炼、有机合成等工业生产的废水中都含有较高的铜，当这些废水排入水体中时，就会对水质产生影响，严重时会造成水体铜污染。水中铜含量达到0.01毫克／升时，水体的自净作用明显受到抑制，大于3毫克／升时会产生异味，超过15毫克／升时则不可以饮用了。土壤中的铜污染则是由于岩石风化及含铜废水的灌溉，导致铜在土壤中不断积累并且长期保留。同时，含铜的农业化学物质和有机肥的使用也是造成土壤中铜聚集的主要原因。

① 哺乳动物

哺乳动物是指脊椎动物中哺乳纲的一类用肺呼吸空气的温血动物，因能通过乳腺分泌乳汁来给幼崽哺乳而得名。哺乳动物是动物发展史上最高级的阶段。中国的国宝大熊猫就是哺乳动物。

② 水体自净

水体经过物理、化学和生物的作用，使排入的污染物质的浓度和毒性随着时间的推移，在向下流动的过程中自然降低，经过一段时间后，水体恢复到受污染前的状态，这一现象就称为水体的自净作用。也可简单地说，水体自净就是水体受到废水污染后，逐渐从污水变成清洁水的过程。

③ 水质

水质就是水的质量，它标志着水体的物理、化学和生物的特性及其组成的状况。人们人为地规定了一系列水质参数和水质标准来衡量水体质量的状况。

▲工业大气污染

42 铜污染的危害及修复

　　铜污染无论发生在大气、水体还是土壤里，都会造成相应的危害。大气中的铜污染不仅会危害动植物及人体的健康，还会对天气和气候产生影响，表现为大气温度增高、酸雨及大气降雨量增加等。水体中的铜污染不仅影响水生动植物生长，而且会在其体内富集，接着通过生物放大过程进入食物链，最终影响人类。

　　土壤受到铜污染以后，农作物通过根系吸收铜并转移到体内各部分。土壤中铜的含量不同，农作物受害程度也不同，不同的农作物对土壤铜污染的敏感程度也各不相同。土壤中的铜含量超过一定限度

▲ 未受污染的作物

时，也会对土壤中的微生物以及土壤酶产生影响。受污染后，土壤中微生物的数量和种群结构会发生改变。微生物的生长代谢受到抑制，从而导致微生物体内酶的合成和分泌受到影响。铜等重金属还会破坏酶的活性位点和空间结构而使土壤中酶的活性下降。

若在被铜污染的土壤里施用石灰或磷酸钙，调节土壤酸碱度，使铜生成难溶的氢氧化铜沉淀，就可减少危害。然而，我们更提倡生物修复，即利用某种特定的动植物和微生物降低土壤中铜等重金属污染物的含量而达到净化土壤的目的。

① 生物放大

生物放大是指某些在自然界不能降解或难降解的化学物质，在环境中通过食物链的延长和营养级的增加在生物体内逐级富集、浓度越来越大的现象。由于生物放大作用的存在，环境污染对人和生物的危害也呈现富集或放大作用。

② 种群

种群是指在一定时间内占据一定空间的同种生物的所有个体。种群是进化的基本单位，同一种群的所有生物共用一个基因库，种群中的个体并不是机械地集合在一起，而是彼此可以交配，并通过繁殖将各自的基因传给后代。

③ 酸碱度

酸碱度是指溶液的酸碱性强弱程度，通常用pH值来表示。pH值小于7为酸性，pH值等于7为中性，pH值大于7为碱性。人血液的正常pH值应在7.35~7.45之间，呈微碱性，如果血液pH值下降0.2，机体的输氧量就会减少69.4%，造成整个机体组织缺氧。

43 中国土壤污染情况

　　随着工业和乡镇企业的蓬勃发展，工业排放"三废"，加上近年来城镇垃圾的急剧增加，使受污染的土地面积日益扩大，程度日趋严重。据统计，中国目前遭受到大工业"三废"污染的耕地已达4万平方千米，受乡镇企业污染的有1.87万平方千米；全国受镉污染的土壤有133平方千米，汞污染的土壤320平方千米，氟污染的土壤6700平方千米，受农药严重污染的土地面积超过1.3万平方千米。此外，工业废渣的堆放还占用了大量土地，截至20世纪，全国历年工业垃圾堆存量已达64.63亿吨，占地面积达600平方千米。

　　中国酸雨造成的危害也相当严重，降水年均pH值（酸碱度）低于5.6的城市占一半，华中、华南、华北和西南4个酸雨区的分布区域在不断扩大，土地污染面积不断增大。随着工业化和城市化的进程，中国的土壤污染必将进一步加剧。更

▲ 煤渣污染

引人注目的是，土壤污染正由城镇向乡村扩展，由点向面扩散，对农业土地的污染在城镇周围尤为严重，一些地区乡镇企业造成的土壤污染有加重的趋势。

如此严峻的污染情况，必要措施的颁布与实施已刻不容缓。

① 镉

镉是银白色有光泽的金属，和锌一同存在于自然界中。它是一种吸收中子的优良金属，制成棒条可在原子反应炉内减缓核子连锁反应速率。当环境受到镉污染后，镉可在生物体内富集，通过食物链进入人体，引起慢性中毒。

② 汞

汞是在常温下唯一呈液态的金属元素，广泛地分布在地壳表层。在自然界里，大部分汞与硫结合成硫化汞。元素汞基本无毒；无机汞中的升汞是剧毒物质；有机汞中的苯基汞分解较快，毒性不大；甲基汞进入人体很容易被吸收，不易降解，排泄很慢，特别容易在脑中积累，毒性很大。

③ 酸雨

酸雨是指pH值小于5.6的雨雪或其他形式的降水。酸雨正式的名称是酸性沉降，它可分为"湿沉降"与"干沉降"两大类。前者指的是所有气状污染物或粒状污染物，随着雨、雪、雾或雹等降水形态而落到地面；后者则是指在不下雨的日子，从空中降下来的落尘所带的酸性物质。

44 土壤污染的预防（一）

　　土壤污染，危害极大，它不仅会导致大气、水和生物的污染，而且土壤中的污染物会直接影响植物的生长，并且土壤污染物被植物吸收后，还会通过食物链危害人体健康。因此，预防、治理土壤污染是一个亟待解决的环境问题。

　　预防土壤污染，首先要控制和消除土壤污染源和污染途径。土壤中的污染物虽然种类很多，究其来源主要为工业的"三废"排放，农药、化肥的大量施用等，为此可采用下列几方面措施。

　　控制和消除工业废水、废气、废渣排放，这是一项十分重要而艰巨的工作。首先需要改进生产工艺、改进设备、改革原材料等，以减少或消除污染物。如在电镀工业中广泛采用无氰电镀工艺，从根本上解决了含氰废水对环境的污染问题。再如采用闭路循环用水系统，使废水多次重复使用，可以减少工业废水的排放等。

　　减少工业"三废"排放污染的另一方法是对工业"三废"进行回收处理，化害为利，变废为宝。对当前必须排放的"三废"，要进行净化处理，使其实现无害化。要严格控制排放浓度、排放数量，实行污染物排放总量控制。排放工业废水时要严格执行《农田灌溉用水水质标准》中的有关规定。

① 食物链

食物链即生态系统中贮存于有机物中的化学能在生态系统中的层层传导，简单地说，就是各种生物通过一系列吃与被吃的关系，将不同的生物紧密地联系起来，并组成生物之间以食物营养关系彼此联系起来的系列。

② 工业三废

工业三废是指工业生产所排放的废水、废气、固体废弃物，其中含有多种有毒、有害物质，若不经妥善处理，如未达到规定的排放标准而排放到环境（大气、水域、土壤）中，超过环境自净能力的容许量，就会对环境产生污染，破坏生态平衡和自然资源。

③ 蚯蚓的指示作用

蚯蚓能分解土壤中的有机物、疏松土壤、改善土质，并且对某些污染物比其他土壤动物更为敏感。蚯蚓对污染物有耐性，在受污染的土壤中，一些敏感脆弱的蚯蚓种群消失了，而能够耐受污染物的种群保留了下来。蚯蚓作为土壤污染的指示生物，为整个土壤动物区提供了一个安全域值。

▲ 工业污染

45 土壤污染的预防（二）

预防土壤污染，一般要从源头做起。土壤中污染物的来源除被排放的工业"三废"外，还有被大量施用的农药、化肥等。施用农药时往往有大部分农药进入土壤中造成土壤污染，因此必须控制农药的施用量，对于残留量高、毒性大、半衰期长，在环境中会造成长期危害的农药，要尽量淘汰，暂时不能淘汰的要严格控制施用范围、次数和总用量。要大力研制开发高效、低毒、低残留、易降解的新农药。探索和推广生物防治病虫害的新途径，尽可能减少有毒化学农药的使用。

合理施用化肥，严格掌握化学肥料的施用，对于本身含有毒物质的化肥，施用范围和数量更要严加控制。对硝酸盐和磷酸盐肥料，要合理施用，对硫酸盐类化肥要选择施用，避免滥施滥用，因使用过多造成土壤污染。

在控制源头的同时，还要

▲ 污水处理后排放利用

加强污灌区的监测和管理。利用污水灌溉农田时，要严格掌握水质标准，控制灌溉次数和面积，同时结合土壤环境容量，制定允许灌溉年限或植物品种。加强对污灌区土壤和农产品的监测工作，防止盲目滥用污水灌溉而导致土壤污染。

总而言之，土壤污染的预防重点应放在对污染源的排放进行浓度和总量的控制上，毕竟预防比治理容易。

① 污染源

污染源是指造成环境污染的污染物的发生源，通常指向环境排放有害物质或对环境产生有害影响的场所、设备、装置等。自然界自行向环境排放有害物质或造成有害影响的场所，称为天然污染源；而人类社会活动所形成的污染源就叫作人为污染源。

② 环境容量

环境容量是在环境管理中实行污染物浓度控制时提出的概念。某一特定的环境（如一个城市、一片海域）对污染物的容量是有限的。其容量的大小取决于环境空间的大小、各环境要素的特性以及污染物自身的物理化学性质。如果污染物浓度超过环境所能承受的极限，环境将受到破坏。

③ 环境监测

环境监测是通过对影响环境质量因素的代表值的测定，确定环境质量（或污染程度）及其变化趋势的过程。环境监测包括化学监测、物理监测、生物监测、生态监测。

46 土壤污染的治理（一）

　　土壤一旦被污染，其影响在短时期内就很难消除，所以治理土壤污染不是一件轻而易举的事情，往往需要长期的努力，并采取综合治理措施才能奏效。治理措施有很多种，如生物防治、增施有机肥料等。

　　生物防治。土壤污染物质可通过生物降解或植物吸收而净化。发现、分离、培育新的微生物品种，以增强生物降解作用，这对提高土壤净化能力很重要。例如，美国分离出能降解三氯丙酸或三氯丁酸的小球状反硝化菌种；日本研究了土壤中红酵母和蛇皮藓菌，能降解剧毒性的聚氯联苯。另外，某些鼠类和蚯蚓对一些农药有降解作用。羊齿类蕨属植物，有较强的吸收土壤中重金属的能力，对土壤中镉的吸

▲ 工业废渣

收率达10%，连种多年，可大大降低土壤中镉的含量。

增施有机肥料。对于被农药和重金属轻度污染的土壤，增施有机肥可达到较好的效果。因为有机肥可提高土壤的胶体作用，增强土壤对农药和重金属的吸附能力；有机质又是还原剂，可使部分离子还原沉淀，成为不可给态；有机质还能增强土壤团粒结构，增加养分，改善土壤的保水和透气性能，有利于微生物繁殖和去毒作用，提高土壤对污染物的净化能力。尤其对于含有机质少的沙性土壤，采用此法更为有效。

① 生物降解

生物降解又称为微生物降解，是指通过细菌或其他微生物的酶系活动分解有机物质的过程。有可能是微生物的有氧呼吸，也有可能是无氧呼吸。化学降解有机物会产生许多有害或者有毒物质，因此人们将生物用于有机物的降解，这样可以减少化学降解产生的负面影响。

② 酵母

酵母是一些单细胞真菌，可在缺氧环境中生存，是人类文明史中被应用得最早的微生物，目前已知有1000多种酵母。酵母菌在自然界分布广泛，主要生长在偏酸性的潮湿的含糖环境中。

③ 繁殖

繁殖是生物为延续种族所进行的产生后代的生理过程，即生物产生新个体的过程。已知的繁殖方法可分为两大类：有性繁殖与无性繁殖。无性繁殖的过程只牵涉一个个体，例如细菌用细胞分裂的方法进行无性繁殖；有性繁殖则牵涉两个属于不同性别的个体，例如人类的繁殖就是一种有性繁殖。

47 土壤污染的治理（二）

　　土壤污染的严重性，不仅体现在其产生危害的严重性上，也体现在其治理的困难性上，所以我们应采取多种方法来进行治理。

　　施加抑制剂。轻度污染的土壤，施加某些抑制剂，可改变污染物质在土壤中的迁移转化方向，促进某些有毒物质的移动、淋洗或转化为难溶物质而减少作物吸收量。常用的抑制剂有石灰、碱性磷酸盐等。施用石灰，可提高土壤的pH值，使汞、镉、铜、锌等形成氢氧化物沉淀，还可降低作物对放射性物质的吸收；施加磷酸盐对消除和减轻汞和镉的危害也具有重要意义。

　　改革耕作制度。改变耕作制度，从而改变土壤环境条件，可消除某些污染物的危害。如被DDT污染的土壤，若旱田改为水田，可大大加速DDT的降解，仅一年左右土壤中残留的DDT即可基本消失。另外，植物对农药的吸收也是有选择性的。因此，采用稻麦或稻棉水旱轮作，是减轻和消除农药污染的有效措施。

　　此外，对于严重污染的土壤，在面积不大的情况下，可采取客土换土法，这是彻底消除土壤污染的有效手段。对换出的污染土必须进行妥善处理，防止二次污染。另外，还可将污染土壤深翻到下层，埋藏深度应按不同生物根系发育情况而定，以不污染作物为宜。

① 石灰

石灰是由石灰石、白云石或白垩等原料，经煅烧而得的以氧化钙为主要成分的气硬性无机胶凝材料。公元前8世纪古希腊人已将其用于建筑，中国也在公元前7世纪开始使用石灰。至今，石灰仍然是用途广泛的建筑材料。

② 放射性物质

某些物质的原子核能发生衰变，放出我们肉眼看不见也感觉不到，只能用专门的仪器才能探测到的射线，物质的这种性质叫放射性。放射性物质是那些能自然地向外辐射能量、发出射线的物质。一般都是原子质量很高的金属，像钚、铀等。放射性物质放出的射线有三种，分别是α射线、β射线和γ射线。

③ 水田

水田是指城、镇、村庄、独立工矿区内筑有田埂（坎），可以经常蓄水，用于种植水稻等水生作物的土地，按水源情况可分为灌溉水田和望天田。水田主要分布在东亚、东南亚、南亚季风区，东南亚热带雨林区。

▲ 翻土保墒

48 草地退化

　　草地，通常也称为草场，泛指生长草类可供放牧或割饲草的土地。习惯上称大面积成片的草地为草原。绿色的草原、洁白的羊群和奔驰的骏马构成一幅壮丽的草原景观图，历来为人们所称道。同时，草原对于保护植被，防止土壤沙化和水土流失起着十分重要的作用。

　　可是，长期以来，人们对草原却缺乏足够的认识，尤其是人类对草原的不合理利用，使草原遭到严重破坏，不仅草原面积大量减少，而且质量也明显下降。草地荒漠化和退化日益严重，已引起世人的忧虑。

　　草原退化带来了恶劣的后果，究其原因，大致有两个方面：其一是由于滥垦草原、开荒种地所引起的。世界上许多地区，存在滥垦草原现象，把大量草地开垦为耕地，使草地的面积缩小。如1970年到1985年期间，亚洲的可耕地和永久耕地面积增加了33%，而永久性放牧地面积却减少了28%，可见耕地面积

▲ 草原景色

的增加主要是以牺牲草地为代价的。用于放牧的土地减少得最多的是撒哈拉南部非洲半干旱地区，由于人口增加，耕地不断向草地延伸，同时沙漠也在向草地入侵。仅在过去的50多年里，在撒哈拉大沙漠南缘，又有60多万平方千米的土地沦为沙漠。由于滥垦草原引起土壤风蚀从而造成沙漠化的惨痛教训，在美国、苏联都曾发生过，这就是著名的黑风暴事件。

① 饲草

饲草属于草地饲用植物资源，是指草地中可供家畜放牧采食或人工收割后用来饲喂家畜的各种植物组成的群体。中国天然草地的植被组成中约有饲用植物1.5万种，以多年生草本植物和半灌木、灌木为主，另外还包括一些乔木、一年生植物和低等植物。

③ 撒哈拉沙漠

撒哈拉沙漠是世界最大的沙质荒漠，位于非洲北部，气候条件非常恶劣，是地球上最不适合生物生存的地方之一。撒哈拉沙漠的土壤有机物含量低，洼地的土壤常含盐，边缘的土壤则含有较集中的有机物质。尽管在某些地区有固氮菌，但常常无生物活动。

③ 亚洲

亚洲是亚细亚洲的简称，是世界七大洲中面积最大的洲，地跨寒带、温带、热带三带，气候基本特征是大陆性气候强烈，季风性气候典型，气候类型复杂。亚洲跨越经纬度十分广，东西时差达11小时。中国就位于亚洲东部。

49 草地退化原因

过度放牧使草场无法休养生息。在亚洲、非洲一些国家的草原，由于超载放牧，草本群落受到破坏，各种动物的食物链无法维系，限制了畜牧业的发展，资源也遭到破坏。过度放牧、重用轻养也导致了草地退化、沙化以及气候恶化等生态问题。

目前全球草地资源面临着严重的荒漠化和退化两个基本趋势。就草地荒漠化趋势来看，据联合国环境署估计，荒漠化威胁着世界1/3的土地，影响至少8.5亿人的生活。草地退化有多种表现形式，除荒漠化与沙化外，主要是草地质量下降，优良牧草的数量减少，不可食和有

▲ 退化的草地

害杂草增多，草地生产力大幅度下降。据调查，世界上大多数草地都已有一定程度退化，亚洲西部是世界上草地退化最严重的地区，叙利亚内陆草原的原生植物群实际已灭绝；伊拉克的草原已丧失了非常多的原生植物；也门的草地也已极度退化；约旦的干旱草地已板结。目前全世界草场退化面积达几十亿亩。中国草地退化也很严重，草场退化的面积占总面积的1/3还多。草地退化目前仍在发展，已威胁到人类的生存环境。因此，对草地退化现象不能等闲视之，必须禁止滥垦草原和过度放牧，采取积极措施保护草地，改良草场，否则人类将自食恶果。

① 畜牧业

畜牧业是指用放牧、圈养或者二者结合的方式，饲养畜禽以取得动物产品或役畜的生产部门，包括家禽饲养、牲畜饲牧、经济兽类驯养等。畜牧业是农业的主要组成部分之一，与种植业并列为农业生产的两大支柱。

② 约旦

约旦位于亚洲西部，阿拉伯半岛的西北，西与巴勒斯坦、以色列为邻，北与叙利亚接壤，东北与伊拉克交界，东南和南部与沙特阿拉伯相连，是一个比较小的、全国缺水的阿拉伯国家，其中大部分为阿拉伯人，60%以上是巴勒斯坦人，还有少数土库曼人、亚美尼亚人和吉尔吉斯人。

③ 叙利亚

叙利亚位于亚洲西部，地处世界石油天然气最丰富的中东中心位置，靠近世界最大的几个石油储藏国——沙特、伊朗、伊拉克，还靠近俄罗斯的欧洲部分。它是一个中等收入国家，经济来源主要是农业、石油、加工业和旅游业，但是不多的石油正面临枯竭的境况。

50 湿地

湿地是地球上具有多功能的独特的生态系统，是自然界最富有生物多样性的生态景观和人类赖以生存和发展的环境资源之一。

湿地大约有35种，主要包括沼泽、湖泊、河流、河口湾、浅海水域、海岸滩涂、珊瑚礁、水库、池塘、稻田等自然和人工湿地。湿地与人类生存休戚相关，它源源不断地为人类提供着大米、鱼类等大量的食物、原料和水资源，而且还在维持生态平衡，保存生物多样性、珍稀物种资源，以及涵养水源、降解污染物和提供旅游资源等方面起着十分重要的作用。从水文学的角度来看，湿地具有供应水源、蓄洪防旱、保持水质的功能，因此，人们常把湿地称为陆地上的天然蓄水库。湿地还被称为天然海绵，它除了日常作为居民用水、工业用水和农业用水的水源以外，在雨季洪水期会大量吸收过剩的水，在干旱期则慢慢地释放储存的水。

湿地在保持水质量方面也有重要作用，并已引起人们的关注。当水流过湿地时，沼泽地和洪泛平原有助于减缓水的流速，从而使水中携带的一些沉积物沉积下来，并且有些水生植物还能有效地吸收有毒物质，澄清水质。正是由于湿地有这些净化环境的功能，人们又称之为"地球之肾"。

▲ 湿地

① 沼泽

沼泽是指长期受积水浸泡、水草茂密的泥泞地区。土壤中有机质含量高，较肥沃，且持水性强，透水性弱，通气良好。沼泽地带茂盛的植物中，挺水植物偏多，其中草的高矮是根据地理气候的不同而决定的，荷花、莲花则是沼泽湿地的常见植物。

② 沙滩

沙滩就是由于沙子淤积形成的沿水边的陆地或水中高出水面的平地。随着人类文明的飞跃发展，沙滩已成为人们休闲、娱乐及运动的主要场所之一，如海边旅游度假、沙滩排球运动等。

③ 珊瑚

珊瑚是珊瑚虫分泌出的外壳，化学成分主要是碳酸钙。珊瑚虫是一种海生圆筒状腔肠动物，有8个或8个以上的触手，触手中央有口，在白色幼虫阶段便自动固定在先辈珊瑚的石灰质遗骨堆上。珊瑚虫种类很多，是海底花园的建设者之一。

51 湿地危机

人类对湿地的开发利用已有近2000年的历史。早在46年时，德国威悉河下游的日耳曼人已将泥炭作为民用燃料。春秋战国时期，我国就已开始对湖泊进行围垦开发。人们在湿地利用过程中认识到了湿地的经济价值，认识到了滩涂湿地的"渔盐之利"乃是"治国之本"。但是，随着经济的增长和人口的急剧增加，以及人们对湿地的不合理利用，一些地方的湿地遭到不适当的围垦开发：有些湿地由于淤积、污染、过度排涝受到不同程度的破坏，还有些湿地资源被过度利用等。这些已使得世界湿地面积正在严重缩小，湿地的效益严重下降，

▲ 西溪湿地的仿古民居

湿地的环境也面临严重威胁，因此，保护和合理利用湿地已成为当务之急。

我们知道，湿地生态系统的破坏，在许多情况下是不可逆转的，即使经治理使其恢复也要经过相当长的时间，要付出巨大的代价，所以绝不能只为眼前利益和局部利益损害湿地资源，否则损失无法弥补甚至殃及子孙后代。

据不完全统计，从20世纪50年代以来，中国湿地开垦面积达10万平方千米，沿海滩涂面积已削减过半，黑龙江三江平原原有沼泽的80%都消失了，东南沿海的红树林56%以上也消失了，并且约1/3的天然湿地存在被改变、丧失的危险。

① 围湖造田

围湖造田是指将湖泊的浅水草滩由人工围垦成为农田的一种活动。围垦使水禽赖以生息的大片芦苇、荻丛环境遭到破坏，使水生动植物种类发生变化，有些种群几乎绝迹。中国自20世纪60年代以来大规模围垦造田，加剧了湖区生态环境的劣变。

② 生态破坏

生态破坏是指人类不合理地开发、利用，使草原、森林等自然生态环境遭到破坏，从而使人类、动物、植物的生存条件恶化的现象。现今比较严重的生态破坏有水土流失、土地荒漠化、土地盐碱化、生物多样性减少等。

③ 红树林

红树林是地球上唯一的热带海岸淹水常绿热带雨林，是一种独特的森林生态系统。红树林是红树植物群落的总称，其中以红树为主，还有秋茄、木果莲、角果木等，大都属于红树科植物，故统称红树林。

52 关注湿地

　　世界各国政府都清楚地认识到了保护湿地的重要性，所以为了保护湿地，十多个国家于1971年2月2日在伊朗的拉姆萨尔签署了一个酝酿8年之久的重要湿地公约——《关于特别是作为水禽栖息地的国际重要湿地公约》。这个公约的作用是通过全球各国政府间的共同合作，以保护湿地及生物的多样性，特别是水禽和它们赖以生存的环境。公约发表后，在国际社会引起广泛关注，中国于1992年申请加入了湿地公约组织。1996年10月，湿地公约常委会第19次会议决定从1997年起，将每年的2月2日定为世界湿地日。

　　湿地保护是环境保护的重要领域，是国际自然保护的一个热点。湿地是地球上具有多功能的独特生态系统，也是自然界富有多样生物的生态景观。人们为了保护湿地独特的自然景观特征，维持生态系统内部不同动植物种群间的协调发展和生态平衡，同时发展地区经济，普及生态教育，在保证不破坏湿地生态的基础上，建设不同类型的辅助设施，力求将生态旅游、生态保护和生态教育相结合，创建一个多主题、多功能的生态型主题公园。

　　为了保护湿地，人们已经做了努力，但生态的保护、环境的维护，不是一个人的事情，需要所有人的努力。

① 水禽

水禽是依靠水生环境生活的野生鸟类的总称。水禽养殖业是中国的传统产业，近年来，鸭、鹅养殖成本低、周期短、见效快，因此取得了突飞猛进的发展，在农业产业结构调整中，已受到世界各国的高度重视。

② 生态旅游

生态旅游一词最早由世界自然保护联盟（IUCN）于1983年提出，是以吸收自然和文化知识为取向，尽量减少对生态环境的不利影响，确保旅游资源的可持续利用，将生态环境保护与公众教育同促进地方经济社会发展有机结合的旅游活动。

③ 主题公园

主题公园是根据某个特定的主题，采用现代科学技术和多层次活动设置方式，集诸多娱乐活动、休闲要素和服务接待设施于一体的场所。荷兰马都拉家族的一对夫妇，为纪念在二次世界大战中牺牲的独生子，而兴建了一个微缩了荷兰120处风景名胜的公园，成为主题公园的鼻祖。

▲ 湿地牧场

53 湿地现状

　　人类对湿地的开发已经有几千年的历史。春秋战国时期，中国就已经认识到滩涂湿地的"渔盐之利"乃是富国资本。古人对于湿地的保护是十分重视的，诸如他们已经认识到：不要破坏沼泽、湖泊，保护好山林，湿地是财源之所在；要适时禁止入山林、湿地采伐；在鱼鳖繁殖阶段不要用网、药去捕捉，不断其后，不绝其长。

　　随着经济的增长和人口的增加，人们对湿地的利用越来越不合理。以下一组触目惊心的数字令人警醒：1950年至1980年，中国的自然湖泊从2800个减少到2500个；"八百里"的洞庭湖已经由1949年的4350平方千米缩小至今日的2000平方千米左右。湖面萎缩，调蓄水能力差，导致洪涝灾害日益严重；青海湖区，人口比1949年增长了4倍，环湖区开垦面积达2000平方千米左右，脊椎动物减少了34种；工业废水和污水排放使得许多河湖（如巢湖和滇池等）湿地和沿海水域恶化，加速了湿地水体富营养化，并造成寄生虫流行。

　　由此可见，保护湿地是何等重要。

① 洞庭湖

　　洞庭湖是中国第四大湖，也是中国第二大淡水湖，位于中国湖南省北部，长江荆江河段以南。它是长江最重要的调蓄湖泊，由于泥沙淤塞、围垦造田，洞庭湖现已被分割为东洞庭湖、南洞庭湖、目平湖和七里湖等几部分。

② 脊椎动物

脊椎动物是指有脊椎骨的动物，包括鱼类、两栖动物、爬行动物、鸟类和哺乳动物等五大类。脊椎动物一般体形左右对称，全身分为头、躯干、尾三个部分，有比较完善的感觉器官、运动器官和高度分化的神经系统。

③ 水体富营养化

水体富营养化，在海洋中出现叫作赤潮，在湖泊河流中出现叫作水华，是指由于人类活动的影响，磷、氮等营养物质大量进入河口、湖泊、海湾等缓流水体，而引起藻类及其他浮游生物迅速繁殖，水质恶化，水体溶解氧量下降，鱼类及其他生物大量死亡的现象。

▲ 黄河口湿地

54 中国土地资源

中国幅员辽阔，土地资源类型多样。在960万平方千米的国土面积中，高原占26%，山地占33.3%，丘陵占9.9%，盆地占18.7%，平原占11.98%，荒漠、永久积雪山地、冰川占20.5%，城市、工矿、交通占7%。

据《中国1：100万土地资源图》的划分，全国可分为9大潜力区，1600多个土地资源单元。众多的土地资源类型，组成了各种各样的土地利用类型。据《中国1：100万土地利用图》的划分，中国土地资源类型主要按国民经济各部门用地可分为耕地、园地、林地、牧草地、

▲ 青藏高原

水域、城乡建设用地、工矿用地、交通用地、特殊用地和其他用地10个一级类型；依据土地经营方式，可分出50个二级类型。众多的土地资源类型和丰富多彩的土地利用类型，为我国农、林、牧、副、渔业的综合发展提供了有力的物质基础。

中国土地资源中的耕地面积原本不多，目前还正以平均每年3097平方千米的速度减少。全国有666个县人均占有耕地低于联合国粮农组织确定的人均耕地警戒线。

① 高原

高原是海拔高度一般在1000米以上，面积广大，地形开阔，周边以明显的陡坡为界，比较完整的大面积隆起的地区。它是在长期连续的大面积的地壳抬升运动中形成的。世界最高的高原是中国的青藏高原。

② 丘陵

丘陵是指地势起伏不平，连接成大片的海拔高度在500米以下，相对起伏在200米以下的小山。它是世界五大陆地基本地形之一。中国从北至南主要有辽西丘陵、淮阳丘陵和江南丘陵等。

③ 盆地

盆地为四周高、中间低的盆状地形，其四周可为山地或高原。可根据盆地的地球海陆环境将其分为大陆盆地和海洋盆地两大类型。按其成因也可将盆地划分为两类：一种是由于地壳构造运动而形成的，称为构造盆地；另一种是由于冰川、风、流水和岩溶侵蚀而形成的，称为侵蚀盆地。

55 中国地理特征

▲ 戈壁滩

中国南北相距5500多千米，跨越赤道带、热带、亚热带、暖温带、温带和寒温带6个热量带，其中亚热带、暖温带和温带，合计约占国土面积的71.7%，热量条件相当优越。中国东西相距5200多千米，从沿海向内陆，干湿状况由湿润（占国土面积的32.2%）、半湿润（占17.8%）向半干旱（占19.2%）、干旱（占30.8%）过渡。复杂的地形、地貌条件和区域水热组合的差异，组成了复杂多样的土地资源类型。

　　根据气候、生物、土壤、地形等因素的区域组合状况，再加上由此而产生的土地资源类型的区域差异，可将全国大致划分为东南部湿润、半湿润季风区，西北部干旱、半干旱内陆区和西南部青藏高原区三大块。东南季风区，水热丰富，雨热同季，土地肥沃，生物种类繁多，土地生产力较高；西北内陆区，光照充足，热量也较丰富，但干旱少雨，沙漠、戈壁和盐碱地面积大，土地生产力较低；青藏高原区，大部分海拔在3000米以上，日照丰富，但热量不足，土地生产力极低，土地资源区域差异十分明显。

① 赤道带

赤道带是全年气温高、风力微弱、蒸发旺盛的地带。赤道区域海洋的赤道洋流引起海水垂直交换，使下层营养盐类上升，生物养料比较丰富，鱼类较多。飞鱼为赤道带典型鱼类。

② 青藏高原

青藏高原有"世界屋脊"和"第三极"之称，是中国最大、世界海拔最高的高原。整个青藏高原总面积250万平方千米，中国境内面积240万平方千米，平均海拔4000~5000米，是亚洲许多大河的发源地。

③ 戈壁

戈壁源于蒙古语，有沙漠、砾石荒漠、干旱的地方等意思。戈壁是荒漠的一种类型，是地势起伏平缓、地面覆盖大片砾石的荒漠，多数地区并不是沙漠而是裸岩。戈壁沙漠是世界上巨大的荒漠与半荒漠地区之一。

56 中国自然资源情况

　　从实际情况看，中国自然资源的绝对量比较丰富，是世界上少数几个资源大国之一，但人均相对量都很低。据统计，中国耕地面积为95.4万平方千米，占世界耕地面积的7%，居世界第四位；森林面积为128.63万平方千米，占世界森林面积的3.2%，居世界第五位；草原面积313.33万平方千米，居世界第四位。但是，中国由于庞大的人口总量，人均自然资源占有量很少，是世界上人均自然资源贫乏的国家。中国土地资源按人均占有量只有8300平方米，为世界人均占有量的1/3；人均耕地面积800平方米，也为世界人均水平的1/3。此外，人均森林面积为世界人均水平的1/6；人均草场面积为世界人均水平的1/3。按人均占有的土地资源数量计算，各类土地资源人均数量很少。

　　从上述情况可以看出，中国山多地少，人均土地资源匮乏，要以世界土地面积占7%的耕地养活世界1/4的人口，所以土地特别是耕地十分宝贵，要加以珍惜。

❶ 森林

　　森林有"人类文化的摇篮""绿色宝库"等美称，是一个树木密集生长的区域。这些植被覆盖了全球大部分的面积，是构成地球生物圈的一个重要方面。其结构复杂，并具有丰富的物种和多种多样的功能。森林除能提供木材、食物、药材等资源，还有改善空气质量、涵养水源、缓解"热岛效应"等作用。

② 草原

　　草原是具有多种功能的自然综合体，属于土地类型的一种，分为热带草原、温带草原等多种类型。草原是世界所有植被类型中分布最广的，草本和木本的饲用植物大多生长在草原上。

③ 山地

　　山地是指坡度陡峭，起伏很大，沟谷幽深、海拔在500米以上，相对高差在200米以上的高地，多呈脉状分布。高原的高度虽然有时比山地高，但高原上高度差异不似山地那么大，这一区别也是区分山地与高原的关键。

▲ 原始森林

57 中国地形特点

中国是一个多山的国家，山地高原和丘陵总面积约占全国土地总面积的69.27%，其中3000米以上为高山，高原占国土总面积的25%，特别是甘肃兰州至云南昆明一线以西，大部分为高山和极高山，海拔多在3500米以上，气温低，作物生长期短，土层厚，交通不便，对农业和牧业的发展十分不利，有的土地甚至无法利用。

▲ 甘肃张掖市彩色丘陵

中国人口众多，且容易开发的土地基本早已被利用。根据国家土地管理部门的统计，到1995年底，中国尚未利用的土地近250万平方千米，占全国土地总面积的25.9%，其中绝大部分为沙漠、戈壁、石质山地和高寒荒漠，以及在当前技术经济条件下难以利用的土地。未利用的土地中可开垦的土地仅占1.2%，其中适宜开发为耕地的只有13万平方千米，且多分布在边缘山区，开发难度大。耕地后备资源匮乏，对中国经济、社会发展形成了巨大的压力。

　　为了缓和人多地少，特别是后备耕地少的矛盾，可以采取积极开垦荒地，扩大农、牧用地面积，提高土地利用率等办法。

① 海拔高度

　　海拔高度又称绝对高度，是指某地与海平面的高度差，通常以平均海平面作为标准来计算，即地面某个地点高出或低于海平面的垂直距离。海拔的起点称为海拔零点或水准零点，是某一滨海地点的平均海水面。地球表面海拔最高的地点是珠穆朗玛峰，最低的地点是马里亚纳海沟。

② 山区

　　山区一般指山地、丘陵以及比较崎岖的高原分布的地区。山区较平原来说，不适宜发展农业，易造成水土流失等生态破坏现象，但一些水热条件比较好的地区，是可以大力发展林业、牧业的，开发旅游观光区也不失为增加当地人们收入的好方法。

③ 云南

　　云南位于中国西南边陲，省会昆明。云南省素有"动物王国""植物王国"和"有色金属王国"的美誉。全国162种自然矿产中云南就有148种，其中铜矿、锡矿等有色金属矿产产量居全国前列。

58 中国土地资源分布情况

中国土地资源不仅数量有限，而且分布不均衡，土地的水、热、肥等因素组合和土地生产能力，在不同地区具有很大差别。

爱辉—兰州—腾冲一线的东南部是湿润、半湿润地区，是中国主要农业区，在占全国总面积约48%的区域里，集中了全国93%的耕地，同时也是畜牧业比重较大的地区。国内不同地区土地资源的性质和农业生产条件差别也很大。如东北地区，平原面积广阔，森林集中，土地肥沃，只是热量略显不足，属一年一热地区；华北地区，地形平坦开阔，耕地多，森林少，水源不足，旱涝盐碱等自然灾害多，

▲ 千沟万壑的黄土高原

属两年三热或一年两热地区；黄土高原区，地形破碎，坡陡沟深，土地疏松，降水少，植被稀，水土流失严重；南方热带、亚热带地区，水、热和生物资源丰富，但山地丘陵多，平地少，耕地不足，土地偏酸，一年两热或一年三热。此外，还可以秦岭—淮河为界，分为北方以旱地为主、南方以水田为主的两大土地利用区。

西北干旱地区和青藏高寒区合计共占全国总面积的52%，但只有7%的耕地。西北内陆区的沙漠、戈壁、干旱草原面积大，土地生产力低，对种植业的限制大。

① 水源

水源是水的来源和存在地域的总称，是地球表面生物体生存不可替代的资源。水源主要存在于海洋、河湖、冰川雪山等区域，它们通过大气运动等形式得到更新。

② 山坡

山坡是介于山顶与山麓之间的部分，是构成山地的三大要素之一。山坡的形态复杂，有直形、凸形、凹形、S形，较多的是阶梯形。因为山坡分布的面积广泛，所以山坡地形的改造变化是山地地形变化的主要部分。

③ 黄土高原

黄土高原地处黄河中上游和海河上游，自古就是人类文明的发祥地。但目前黄土高原的生态环境发生了很大的变化，其中水土流失问题已成为制约其经济发展的重要因素。黄土高原地区总面积64万平方千米，水土流失面积达到45.4万平方千米，严重的水土流失，使其形成了千沟万壑、光山秃岭的景象。

59 耕地资源衰竭

　　土壤学将地表的松散物质分为三种：土壤母质，即岩石的风化产物或风化壳表层物质，不适宜植物生长；自然土壤，即土壤母质经生物、气候、地形和时间的综合作用形成的土壤，但未被开垦耕作；农业土壤，即在自然土壤基础上经过人类耕作、施肥、排灌、改良等之后的土壤。我们常将自然土壤称为处女地。

　　当今世界人口已达70余亿，而且正在飞速增长。然而，世界耕地越来越少，粮食产量仅以算术级增长，大有难养活众多人口之势。

　　可是，就在这个危急时刻，据统计，直到20世纪80年代，世界上大约有1/3的土地，总面积为4807万平方千米没有开垦、耕种。其中包括南极洲约为1400万平方千米的冰雪覆盖，其余的处女地分布在世界的77个国家，均为气候恶劣、环境较差的地域。例如中国的西藏，有200万平方千米土地未开发，约占中国国土总面积的21%。美国有44万平方千米土地未开发，占其国土面积的4.7%。曾经，有些人认为，随着科学的不断发展，如果能够开发上述处女地，至少可以养活20亿人口。

　　可是，如今的人口数已多出20世纪80年代人口20亿了，纵观土地资源，未开垦的处女地也所剩无几。如今欲解决人多粮少、资源缺少的问题，唯有走可持续发展之路。

▲ 西藏阿里高原

① **世纪**

世纪是计算年代的单位，一百年为一个世纪，这里的一百年通常是指连续的一百年。当用来计算日子时，世纪通常从可以被100整除的年代或此后一年开始，例如2000年或2001年。

② **西藏高原**

西藏高原位于中国西南部，自然环境复杂，地形地貌多样，有无数的高山，是亚洲许多大河的发源地。这里辐射强烈，日照多，气温低，积温少，气温随高度和纬度的升高而降低，有丰富的水力资源、油气资源、矿产资源、生物资源。

③ **南极**

南极是一块面积约为1400万平方千米的广大的陆地，称作南极洲，是地球上最后一个被发现并且唯一没有土著人居住的大陆。在南极洲蕴藏有220余种矿物，但植物却很难生长，偶尔也仅能见到苔藓、地衣等植物，不过，在海岸和岛屿附近有企鹅、海豹、鲸等动物。

60 保护土地

　　为了保护土地资源，必须按照生态规律，调整农业结构和布局。宜农则农，宜林则林，宜渔则渔，把发展生产与改善生态环境、用地养地结合起来。要把保护耕地作为中国的一项基本国策，建立基本农田保护区，加强农田基本建设，增加农业投资。

　　在林业上，要严格控制采伐量，制止乱砍滥伐，大力营造防护林，广泛种树种草，增加大地植被，减少水土流失。在草地利用上，首先要保护草场，在保护的前提下利用草场。在发展草原畜牧业上要以草定畜，严格控制载畜量，对已过度放牧的草场，要休养生息，采

▲ 绿化农田林网

取停止放牧和封育等措施，防止草场退化及沙化，恢复和提高草场的生产力。

在采矿、筑路、兴修水利及其他工程建设中，必须防止土地塌陷、沉降、沙化、水土流失、水源枯竭、泥石流、盐碱化、沼泽化等不良后果的产生，而对于进行工程建设和开发利用地下水资源所引起的地面塌陷和沉降，必须采取一切措施填覆修整，恢复利用。要加速对大江、大河的治理，有效地控制洪涝灾害的发生。

① 防护林

防护林是为了防风固沙、保持水土、调节气候、涵养水源、减少污染所经营的天然林和人工林。营造防护林时要根据"因地制宜、因需设防"的原则抚育管理，在防护林地区只能进行择伐，清除楚病腐木，并需及时更新。

② 泥石流

泥石流是指在山区或者其他沟谷深壑等地形险峻的地区，因为暴雨、暴雪或其他自然灾害引发的山体滑坡并携带有大量泥沙以及石块的特殊洪流。泥石流的主要危害是冲毁城镇、矿山、工厂、乡村，造成人畜伤亡，破坏房屋及其他工程设施，破坏农作物、林木及耕地。

③ 地面沉降

地面沉降又称地面下沉或地陷。它是在人类工程经济活动影响下，地下松散地层固结压缩，导致地壳表面标高降低的一种工程地质现象。地面沉降有自然的地面沉降和人为的地面沉降，前者是由于自然不可抗因素引起的，后者则主要是由于大量抽取地下水所致。